Joachim Schulz

Sichtbeton-Planung

Joachim Schulz

Sichtbeton-Planung

Kommentar zur DIN 18 217 Betonflächen und Schalungshaut

3., erweiterte und aktualisierte Auflage

vieweg

Bibliografische Information Der Deutschen Nationalbibliothek
Die Deutsche Nationalbibliothek verzeichnet diese Publikation in der Deutschen Nationalbibliografie; detaillierte bibliografische Daten sind im Internet über <http://dnb.d-nb.de> abrufbar.

Die 1. Auflage des Werkes erschien im Bauverlag, Wiesbaden und Berlin, bearbeitet von Jürgen Schmidt-Mosbach†.

1. Auflage 1986
2., neubearbeitete und erweiterte Auflage 2004
3., erweiterte und aktualisierte Auflage November 2006

Lektorat: Günter Schulz / Karina Danulat

Der Vieweg Verlag ist ein Unternehmen von Springer Science+Business Media.
www.vieweg.de

Umschlaggestaltung: Ulrike Weigel, www.CorporateDesignGroup.de
Technische Redaktion: Annette Prenzer
Druck und buchbinderische Verarbeitung: Wilhelm & Adam, Heusenstamm

ISBN 978-3-8348-0203-3

Vorwort zur 3. Auflage 2006

In der vorliegenden 3. Auflage wurde das Kapitel 6 „Sichtbeton Bewertung" komplett überarbeitet.

Anlass war u. a. das BDZ-Merkblatt „Sichtbeton" Pkt. 7.4.3. worin es heißt:

„Wenn die Mängelbeseitigung eher eine Verschlechterung des optischen Eindrucks der Sichtbetonfläche zur Folge hat, ist die verbleibende Abweichung zu bewerten".

Aber wie?

Im Kapitel 6 wird ein Bewertungsverfahren vorgestellt.

Berlin, im Oktober 2006 — Dipl.-Ing. Joachim Schulz

Über Hinweise und Kritiken zum Inhalt des Buches oder zum Thema Sichtbeton würde ich mich freuen: Email: sichtbeton@t-online.de

Sichtbeton-Forum

Einmal im Jahr findet das Int. Sichtbeton-Forum in Form einer öffentlichen Veranstaltung statt. Es richtet sich an Planer, Bauherren, ausführende Firmen sowie auch an Studenten. Ziel des Forums ist es, einen Informationspool zu bilden und nützliche Hinweise zu geben, also eine noch nicht da gewesene Form des Erfahrungsaustausches über Sichtbeton. Das 1. Sichtbeton-Forum fand 2005 in Berlin statt und war ein voller Erfolg mit nahezu 400 Teilnehmern.
Veranstaltungsort der jährlichen Veranstaltung ist die Technische Fachhochschule Berlin. *„Damit soll auch ein allgemeines Ziel der Hochschule erfüllt werden, nämlich die Gestaltung einer praxisnahen Ausbildung. Praxis und Wissenschaft sollen einander näher gebracht werden und sich gegenseitig unterstützen".*
Zu jeder Veranstaltung erscheint ein Tagungsband, der im Buchhandel erhältlich ist. Die Teilnehmer erhalten ein kostenloses Exemplar.

Weitere Informationen und Anmeldungen unter: **www.Sichtbeton-Forum.de**

Hinweis: Ich würde mich freuen, wenn Sie Ihre Sichtbeton-Objekte, Fotos, Diplomarbeiten usw. unter o. g. Internetseite veröffentlichen.

Vorwort zur 2. Auflage

Folgendes Zitat „Gerade Tatsachen gibt es nicht, nur Interpretationen" [Nietzsche] verdeutlicht, dass Wunschvorstellungen mit Anforderungen an das Aussehen nicht gleichgestellt werden können. Bei der Planung von Sichtbeton haben die bautechnischen Anforderungen Vorrang vor gestalterischen Aspekten. Der Sachverhalt Betonflächen und Schalungshaut: „Sichtbeton" muss „eindeutig und erschöpfend" beschrieben werden.

Dieser Kommentar behandelt die neuesten Technologien der Schalungshaut und die daraus resultierenden Betonoberflächen, unterschieden nach Material und Verarbeitung. Er bietet die Grundlage für die Erstellung von Ausschreibungen, welche fundierte Kenntnisse über Baustoffe und Baukonstruktionen sowie das Erfassen von Zusammenhängen erfordern.

Planer, die über entsprechende Kenntnisse nicht verfügen, sind gezwungen, einen Fachberater hinzuziehen.

Neu- und Weiterentwicklungen im Bereich von Betonflächen und Schalungshaut machen es erforderlich, das Buch „Betonflächen und Schalungshaut" von Jürgen Schmidt-Morsbach, basierend auf der Kurzfassung der DIN 18 217 (1981-12), zu überarbeiten. Die in die Kapitel miteingeflossenen neuen Erkenntnisse und DIN-Normen bieten Planern, Ausführenden und Technologen eine neue Ausgangsbasis für fachgerechte Ausführungen mit dem Baustoff Sichtbeton.

Berlin, im April 2004 Dipl.-Ing. Joachim Schulz

Vorwort zur 1. Auflage 1984

Betonflächen sind im technisch/optischen Sinne der Gradmesser jeden Stahlbetonbauwerkes. Sie sind das Spiegelbild der Schalung.
Die jahrzehntelange gutachterliche Tätigkeit des Autors für den Bereich Schalung/Betonfläche einerseits und die nur stichwortartige Fassung der in eigener Obmannschaft konzipierten DIN 18 217 stellen die Grundlage des Kommentars dar. Dem gegenüber steht als Herausforderung zu dieser Arbeit die ständige, oftmals in fachlicher Unkenntnis begründete Konfrontation der Vertragspartner, sofern es um Betonflächenbelange geht.
Mit diesem Werk soll der Planverfasser, Arbeitsvorbereiter und Ausführende eine gemeinsame praxisbezogene Ausgangsbasis ihres vielgestaltigen Wirkens bzw. im Falle von Meinungsverschiedenheiten einen fachlichen Rat finden. Gleicherweise mögen die Ausführungen dem technischen Nachwuchs zur Ausbildung dienen, nachdem gerade diese Materie im pädagogischen Bereich zu kurz zu kommen scheint.
In diesem Sinne ist es der Wunsch des Verfassers, einen zweckdienlichen Beitrag zum fach- und materialgerechten Stahlbetonbauen geleistet zu haben.

Dipl.-Ing. J. Schmidt-Morsbach

Inhaltsverzeichnis

Vorwort ... V

Einführung ... 1

DIN 18 217 – Betonflächen und Schalungshaut ... 3

1 Kommentar zur DIN 18 217 ... 7

1.1 Anwendungsbereich ... 7

1.2 Betonflächen ... 7
1.2.1 Allgemeines ... 7
1.2.2 Betonflächen ohne besondere Anforderungen ... 8
1.2.3 Betonflächen mit Anforderungen an das Aussehen ... 9
1.2.4 Betonflächen mit technischen Anforderungen ... 11

2 Differenzierung der Betonflächen-Typen ... 13

2.1 Allgemeines ... 13

2.2 Betonflächen ohne besondere Anforderungen ... 13

2.3 Betonflächen mit Anforderungen an das Aussehen ... 14
2.3.1 Allgemeines ... 14
2.3.2 Flächengestaltung durch Schalung ... 17
2.3.3 Bearbeitete Betonflächen ... 25
2.3.4 Nachträglich behandelte Betonflächen ... 30
2.3.5 Betonflächen mit technischen Anforderungen ... 31

2.4 Begriffserläuterung zum Bereich „Betonflächen mit technischen Anforderungen" ... 34
2.4.1 Streichfähige Betonflächen ... 34
2.4.2 Streichfertige Betonflächen ... 35
2.4.3 Streichfähiger oder streichfertiger Sichtbeton ... 36
2.4.4 Tapezierfähige Betonflächen ... 36
2.4.5 Tapezierfertige Betonflächen ... 37

2.4.6 Spachtelarbeiten 37
2.4.7 Betonflächen-Begriffe außerhalb der DIN 40

3 Schalungshautplatten-Typen – Anwendungsempfehlungen und Verwendungsmerkmale 43

3.1 Massivholz 43
3.1.1 Allgemeines 43
3.1.2 Sägeraue Bretter 51
3.1.3 Gehobelte Bretter 54
3.1.4 Mechanisch vorbehandelte Bretter (strukturiert) 55

3.2 Weich- und Hartfaserplatten (letztere normal und ölgehärtet) 57
3.2.1 Allgemeines 57
3.2.2 Trennmittelbehandlungen 58
3.2.3 Einsatzempfehlungen und -häufigkeit 58
3.2.4 Dimensionen und Grundpreis 58
3.2.5 Empfohlener Feuchtigkeitsgrad zur Verarbeitung 58
3.2.6 Qualitätsanforderungen 58

3.3 Spanplatten 58
3.3.1 Allgemeines 58
3.3.2 Trennmittelbehandlungen 62
3.3.3 Einsatzempfehlungen und -häufigkeit 62
3.3.4 Dimensionen und Grundpreis 63
3.3.5 Empfohlener Feuchtigkeitsgrad zur Verarbeitung 63
3.3.6 Qualitätsanforderungen 63

3.4 Dreischichten-Platten 63
3.4.1 Allgemeines 63
3.4.2 Trennmittelbehandlungen 67
3.4.3 Einsatzempfehlungen und -häufigkeit 67
3.4.4 Dimensionen und Grundpreis 68
3.4.5 Empfohlener Feuchtigkeitsgrad zur Verarbeitung 68
3.4.6 Qualitätsanforderungen 68

3.5 Sperrholz 69
3.5.1 Stab-Sperrholz und Stäbchen-Sperrholz (gem. DIN 68 791 [1.53]) 69
3.5.2 Furnier-Sperrholz (gem. DIN 68 792 [1.54]) 76

3.6 Leistungsfakten von Holzwerkstoff-Schalungen 83
3.6.1 Dimensionen 83
3.6.2 Statische Leistungsfähigkeit 84
3.6.3 Oberflächenbeschaffenheit 96

3.7 Kunststoff-Schalung 104
3.7.1 Glas-Faser-Kunstharz-Schalung 104
3.7.2 Polysulfid-Schalung 104
3.7.3 Polyurethan-Matrizen (PU-Matrizen) 105
3.7.4 Polystyrol-Schalung 105
3.7.5 Gummi-Schalung 105
3.7.6 Hartschaumstoff-Matrizen 105

3.8 Stahl-Schalung 106

4 Zubehörmaterialien zur Betonschalung 109

4.1 Trennmittel 109
4.1.1 Allgemeines 109
4.1.2 Prüfungen und Anforderungen 110
4.1.3 Eignung und Wirksamkeit 112
4.1.4 Gegenwärtige noch nicht prüffähige Eigenschaften 118
4.1.5 Prüfung beim Hersteller 119
4.1.6 Prüfung beim Abnehmer 119
4.1.7 Anwendungstechnische Wirkung der Trennmittel 119
4.1.8 Saugende Schalung 121
4.1.9 Porengeschlossene – nicht saugende Schalung 122

4.2 Heftmittel 123

4.3 Schalungsanker 126

4.4 Abstandhalter 127

5 Schalungsdispositionen 129

5.1 Schalungsplanung 129

5.2 Schalungsvorbereitung 129

5.3 Schalungsverwaltung 130

6 Sichtbeton-Bewertung – Beurteilung von Sichtbetonmängeln 131

6.1 Einleitung 131

6.2 Begriffe Definitionen 134
6.2.1 Regeln 135
6.2.2 Sichtbetonklassen, Gewichtung 138
6.2.3 Betrachtungsabstand 141
6.2.4 Lichtquelle 147
6.2.5 Musterflächen, Referenzobjekte 147
6.2.6 Maßtoleranzen 147

6.3 Fassadenfunktion 147
6.3.1 Zielbaum: Außenwand (Fassadenfunktion) 145
6.3.2 Gewichtung: Geltungswert/Gebrauchswert 146
6.3.3 Berechnung der technischen Minderung 147

6.4 Sollzustand 149

6.5 IST-Zustand/Erfassung 150
6.5.1 Einzelkriterien/Technische Fehler/Mängel bedingt durch 150
6.5.2 Gesamteindruck/Sichtflächenbetrachtung 151

6.6 Fassaden-Verschmutzung 151

6.7 SOLL-IST Beurteilung 152

6.8 Berechnung der Minderung 153
6.8.1 Minderung auf Grundlage: Gewichtung 153
6.8.2 Minderung auf Grundlage: Sichtbetonklassen 156

7 Sichtbeton-Bauten 159

8 Anlage: Tabellen 163

9 Literatur ... 185

9.1 Normen, Richtlinien ... 185

9.2 Fachbücher ... 190

9.3 Fachaufsätze ... 190

9.4 Fachvorträge ... 190

9.5 Fotos ... 190

Sachwortverzeichnis ... 191

Einführung

Dieser Kommentar der DIN 18 217 [1.25] hat die praxisbezogene Aufgabe, neben den unmittelbaren Belangen der Betonfläche – als Spiegelbild der Schalungshaut – sowohl die anwendungstechnischen Gemeinsamkeiten als auch die Technologien der Schalungshaut nach Material und Verarbeitung zu analysieren. Diesbezügliche Zahlenwerte erheben keinen statistischen Anspruch, sondern sind die Ergebnisse von Versuchen und Baustellenbeobachtungen.

Bezüglich der Sichtbetonflächen soll es Aufgabe sein, einen Beitrag zur anwendungstechnischen Begriffserläuterung zu leisten und zwar – in Ergänzung zur Norm, die sich diesbezüglich bewusst enthält – neben technischer auch in optischer Beziehung.

Betonflächen sind, wie unter Abs. 2/2.1 ausgeführt, „Spiegelbild der Schalungshaut".

Sichtbetonflächen stehen ausschreibungsmäßig bei Beton- und Stahlbetonbauten im Mittelpunkt des Geschehens, wobei die Leistungsbeschreibung im Sinne VOB/A § 9 Abs. 1 [1.9] **„eindeutig und erschöpfend"**, also zweifelsfrei sein soll, um Auffassungsunterschiede der Vertragspartner von vornherein zu vermeiden.

Dieser Kommentar soll somit, empfehlend zur Leistungsbeschreibung, Hilfestellung geben sowohl in planungstechnischer, arbeitsvorbereitender wie auch ausführungsbezogener Hinsicht.

Die Gliederung des Buches entspricht der Aufgabenstellung und ergibt sich wie folgt:

1 DIN 18 217 [1.25] kurzgefasste Erläuterung und Begriffsanalysierung sowie Hinweise auf die jeweiligen Detailabschnitte des Buches, als Ergänzung zum Stichwortverzeichnis,

2 als Schwerpunkt des Kommentars, Differenzierung der Betonflächen-Typen, mit Anregungen der Leistungsbeschreibung und in Anlehnung an den Abschnitt „Schalungshautplatten", in Text und Bild,

3 Besprechung aller gängigen Schalungshautplatten-Typen, einschließlich Anwendungsempfehlungen, ihrer charakteristischen Verwendungsmerkmale sowie konstruktiver Möglichkeiten, in Text, Skizze und ggf. Bild,

4 Behandlung der Zubehörmaterialien, wie Trennmittel, Heftungen u. a. ,

5 Schalungsdisposition

6 Sichtbeton-Bewertung

7 Abbildungen Sichtbeton-Bauten

8 Anlage: Tabellen

9 Vorschriften, Literatur

10 Stichwortverzeichnis

Typische Sichtbeton-Planungs- und Ausführungsfehler sind dem Buch „Sichtbeton-Mängel" [2.5] zu entnehmen.

DIN 18 217 – Betonflächen und Schalungshaut

Ausgabe Dezember 1981

1 Anwendungsbereiche

Diese Norm gilt für Ortbeton- und Betonfertigteilflächen. Ästhetische Hinweise werden durch diese Norm nicht gegeben.

2 Betonflächen

2.1 *Allgemeines*

Betonflächen sind das Spiegelbild der Schalungshaut oder das Ergebnis nachträglicher Bearbeitung (siehe Abschnitt 1.2.3.3) und/oder Behandlung (siehe Abschnitt 1.2.3.4).

Die Schalungshaut ist entsprechend den Anforderungen an die Betonfläche zu wählen.

2.2 *Betonflächen ohne besondere Anforderungen an das Aussehen*

Die Art der Herstellung und der Schalung für diese Flächen bleibt dem Auftragnehmer überlassen. Eine Oberflächenbearbeitung und –behandlung wird nicht verlangt, Ausbesserungen sind zulässig.

2.3 *Betonflächen mit Anforderungen an das Aussehen*

2.3.1 *Allgemeines*

Dies sind sichtbar bleibende Betonflächen, für die eine eindeutige und praktisch ausführbare Beschreibung vorliegen muss.

Der Vergleich mit ausgeführten Bauten kann dabei eine wirkungsvolle Hilfe sein.

Musterstücke können vereinbart und der Ausführung zugrunde gelegt werden.

Bei einem Vergleich mit Musterstücken oder bestehenden Bauwerken ist zu berücksichtigen, dass die geforderte Ansichtsfläche dem gewählten Muster nur bei gleichen Ausgangsbedingungen (Abmessungen, Ausgangsstoffe, Betonzusammensetzung, Schalung, Verarbeitung, Nachbehandlung, Witterung, Betonalter usw.) entsprechen wird.

Soweit Fugenanordnung, -ausbildung und Ankerstellen Einfluss auf die Betonfläche haben, sind entsprechende Angaben erforderlich.

Material- und fachgerechte Ausbesserungen sind zulässig.

2.3.2 Mit Schalungshaut gestaltete Betonflächen

Unter Beachtung des Abschnittes 1.2.3.1 ergeben sich Gestaltungsmöglichkeiten durch den Einsatz entsprechender Schalungshaut. In der Ausschreibung sind die Betonflächenstrukturen zu nennen. Weitere Möglichkeiten ergeben sich unter Beachtung des Abschnittes 1.2.3.1 durch Einfärben (Pigmente) oder Verwendung farbiger Ausgangsstoffe.

2.3.3 Bearbeitete Betonflächen

Dies sind Betonflächen nach Abschnitt 1.2.3.2 und ungeschalte Flächen, die zusätzlich bearbeitet werden.

Bearbeitungsarten sind z. B. Waschen, Spalten, Spitzen, Stocken, Scharrieren, Sandstrahlen, Absäuern, Schleifen, Flammstrahlen, Walzen, Glätten, Besenstrich.

2.3.4 Nachträglich behandelte Betonflächen

Dies sind Betonflächen nach Abschnitt 1.2.3.2 und Abschnitt 1.2.3.3, die bei besonderen Anforderungen zusätzlich behandelt werden, z. B. durch Fluatieren, Polieren, Versiegeln, Beschichten, Imprägnieren *(Hydrophobieren)*.

2.3.5 Betonflächen mit technischen Anforderungen

Die Flächen haben bestimmte technische Funktionen zu erfüllen und/oder dienen Nachfolgegewerken. Die jeweils zu berücksichtigenden Anforderungen sind in der Leistungsbeschreibung zweifelsfrei zu formulieren.

Material- und fachgerechte Ausbesserungen sind zulässig.

Weitere Normen

DIN 4235 Teil 2	Verdichten von Beton durch Rütteln, Verdichten mit Innenrüttlern
DIN 4235 Teil 3	Verdichten von Beton durch Rütteln, Verdichten bei der Herstellung von Fertigteilen mit Außenrüttlern
DIN 4235 Teil 4	Verdichten von Beton durch Rütteln, Verdichten von Ortbeton mit Schalungsrüttlern
DIN 4421	(z. Z. Entwurf) Traggerüste; Berechnung, Konstruktion, Ausführung *(bereits erschienen, Ausgabe 1982)*

DIN 18 202 Teil 5	Maßtoleranzen im Hochbau; Ebenheitstoleranzen für Flächen von Decken und Wänden
DIN 18 203 Teil 1	Maßtoleranzen im Hochbau; Vorgefertigte Teile aus Beton und Stahlbeton
DIN 18 215	Schalungsplatten aus Holz, für Beton- und Stahlbetonbauten: Standardmaße 0,50 m x 1,50 m, Dicke 21 mm
DIN 18 218	Frischbetondruck auf lotrechten Schalungen
DIN 18 331	VOB Verdingungsordnung für Bauleistungen, Teil C: Allgemeine Technische Vorschriften für Bauleistungen, Beton- und Stahlbetonarbeiten
DIN 18 333	VOB Verdingungsordnung für Bauleistungen, Teil C: Allgemeine Technische Vorschriften für Bauleistungen, Betonwerksteinarbeiten
DIN 18 350	VOB Verdingungsordnung für Bauleistungen, Teil C: Allgemeine Technische Vorschriften für Bauleistungen, Putz- und Stuckarbeiten
DIN 18 352	VOB Verdingungsordnung für Bauleistungen, Teil C: Allgemeine Technische Vorschriften für Bauleistungen, Fliesen- und Plattenarbeiten
DIN 18 363	VOB Verdingungsordnung für Bauleistungen, Teil C: Allgemeine Technische Vorschriften für Bauleistungen, Anstricharbeiten
DIN 18 366	VOB Verdingungsordnung für Bauleistungen, Teil C: Allgemeine Technische Vorschriften für Bauleistungen, Tapezierarbeiten
DIN 68 791	Großflächen-Schalungsplatten aus Stab- oder Stäbchensperrholz für Beton und Stahlbeton
DIN 68 792	Großflächen-Schalungsplatten aus Furniersperrholz für Beton und Stahlbeton

Anmerkung:

Bei den o. g. Normen handelt es sich im Sinne der Kommentierung um Bezugspunkte, welche ausführungstechnisch für Betonflächen von maßgeblicher Bedeutung sein können.

Dies gilt insbesondere für den Bereich der Maßtoleranzen und hier für den Bereich der Messstrecke Null, welche z. B. von den zulässigen Toleranzen der Schalungshautplatten im Falle DIN 68 791 [1.53] und DIN 68 792 [1.54] u. a. unmittelbar beeinflusst werden können.

Gleicherweise ist eine ausführungstechnische Auslegung der DIN 18 217 [1.25] z. B. für den Innenausbau nur in Abstimmung mit den jeweiligen Belangen der handwerklichen Normen, also z. B. DIN 18 363 (Anstricharbeiten) [1.32], DIN 18 366 (Tapezierarbeiten) [1.33] u. a. m. möglich.

In diesem Sinne sind alle Bezugsnormen grundsätzlich zu beachten.

1 Kommentar zur DIN 18 217

Mit kurzgefasster Erläuterung und Begriffsanalysierung sowie Hinweise auf die jeweiligen Abschnitte des Buches, als Ergänzung zum Stichwortverzeichnis.

Der Original-Text der DIN ist jeweils **fett** gedruckt.

1.1 Anwendungsbereich

Diese Norm gilt für Ortbeton- und Fertigteilflächen. Ästhetische Hinweise werden durch diese Norm nicht gegeben.

Grundlegend sei festgestellt, dass alle Betonflächen, ob beliebig, technisch oder optisch funktionell, den äußeren Abschluss eines Betonvolumens darstellen, welches sich, materialbezogen, den betontechnologischen Normbelangen, also DIN 1045 [1.2 - 1.6] u. a. unterzuordnen hat.

Ästhetische Gesichtspunkte sind Geschmackssache und nicht normbar. Der Kommentar zur DIN 18 217 [1.25] bemüht sich, über die diesbez. Belange der Norm hinaus, gestalterische Überlegungen – schalungs- und betonbezogen – auf einen allgemein gültigen technisch/optischen Nenner und unter Einhaltung der Schalungsbelange zu bringen.

1.2 Betonflächen

1.2.1 Allgemeines

Betonflächen sind das Spiegelbild der Schalungshaut oder das Ergebnis nachträglicher Bearbeitung (siehe Abschnitt 1.2.3.3) und/oder Behandlung (siehe Abschnitt 1.2.3.4). Die Schalungshaut ist entsprechend den Anforderungen an die Betonfläche zu wählen.

Dieser kurze Absatz stellt den Kern der DIN 18 217 [1.25] dar und beinhaltet somit die Notwendigkeit des Kommentars. Betonflächen sind erfahrungsgemäß sowohl im kommerziellen Sinne Mittelpunkt sich überschneidender ausführungstechnischer Belange, sofern es um funktionelle Einheiten geht, z. B. im Innenausbau, als auch bei gestalterischen Forderungen Visitenkarte des Planverfassers.

Die Betonfläche ist demzufolge – im Sinne VOB/A § 9, Abs. 1+2 [1.9] so eindeutig zu beschreiben, dass der Auftragnehmer, in eigener Verantwortung, in der Lage ist, die auftragsgerechte Schalungshaut zu wählen und materialgerecht zu verarbeiten.

Die Vorschreibung bestimmter Schalungshautplatten-Typen oder gar -fabrikate ist im Falle optischer Forderungen nur dann gerechtfertigt, wenn im gestalterischen Sinne keine anderen Möglichkeiten anstehen.

Das gilt z. B. für eine bestimmte Struktur-Matrize (Relief- bzw. Prägebeton).

Forderungen der Ausschreibungen gegenüber fabrikatbezogenen Materialien, ob Schalungshaut, Trennmittel o. a. sind nur dann gerechtfertigt, wenn damit zugleich die Gewährleistung gegenüber möglichen ausführungstechnischen Einschränkungen übernommen wird.

1.2.2 Betonflächen ohne besondere Anforderungen

Die Art der Herstellung und der Schalung für diese Flächen bleibt dem Unternehmer überlassen.

Eine Oberflächenbearbeitung und -behandlung wird nicht verlangt, Ausbesserungen sind zulässig.

In diesem Zusammenhang sollte generell festgehalten werden, dass Art der Herstellung und der Schalung mit der Einschränkung der unter Abs. 1.2.1 erwähnten Möglichkeit fabrikatgebundener Schalungshautplatten-Typen immer in den Aufgaben- und Verantwortungsbereich des Auftragnehmers fallen, der gem. VOB/A § 9 Abs. 1+2 [1.9] verlangen kann und muss, dass die Leistungsbeschreibung der Betonfläche die sich daraus ergebende Schalungshautplatten-Type – nicht das Fabrikat – eindeutig erkennen lässt.

Qualitativ zu differenzieren sind die ausgeschriebenen Betonflächen und damit auch die in Frage kommenden Schalungshautplatten – und auch das muss Aufgabe der Leistungsbeschreibung sein – in Anlehnung an technisch/optisch berührenden Normen, wie sie rückseitig Bestandteil der DIN 18 217 [1.25] sind, wie z. B. DIN 18 202 [1.25] „Maßtoleranzen im Hochbau", DIN 18 363 [1.32] + 18 366 [1.33] „Maler- und Tapezierarbeiten", DIN 68 791 [1.53] + 68 792 [1.54] „Großflächen-Schalungsplatten aus Stab-/Stäbchen- bzw. Furnier-Sperrholz für Beton u. Stahlbeton" u. a. m.

Die Tatsache, dass es sich hier um „Betonflächen ohne besondere Anforderungen" handelt, rechtfertigt nicht die Außerachtlassung der betontechnologischen Normen bzw. befreit den Planverfasser keineswegs von der berechtigten Auftragnehmerforderung nach einer zweifelsfreien Leistungsbeschreibung gem. VOB/A § 9, Abs. 1+2 [1.9].

Der Hinweis „ohne besondere Anforderungen" ist dahingehend funktionell aufzufassen, dass die Oberfläche gem. DIN 18 202 [1.21] z. B. der untersten Genauigkeitsklasse entspricht und technisch wie optisch zweitrangig einzustufen ist.

So könnte es sich u. a. um eine Stützmauer handeln, welche später natursteinverkleidet wird.

Oberflächennacharbeiten, wie sie allgemein leistungssteigernd einzustufen sind, werden in diesem Zusammenhang nicht angesprochen.

1.2.3 Betonflächen mit Anforderungen an das Aussehen

1.2.3.1 Allgemeines

Dies sind sichtbar bleibende Betonflächen, für die eine eindeutige und praktisch ausführbare Beschreibung vorliegen muss.

Der Vergleich mit ausgeführten Bauten kann dabei eine wirkungsvolle Hilfe sein.

Musterstücke können vereinbart und der Ausführung zugrunde gelegt werden.

Bei einem Vergleich mit Musterstücken oder bestehenden Bauwerken ist zu berücksichtigen, dass die geforderte Ansichtsfläche dem gewählten Muster nur bei gleichen Ausgangsbedingungen (Abmessungen, Ausgangsstoffe, Betonzusammensetzung, Schalung, Verarbeitung, Nachbehandlung, Witterung, Betonalter usw.) entsprechen wird.

Soweit Fugenanordnung, -ausbildung und Ankerstellen Einfluss auf die Betonfläche haben, sind entsprechende Angaben erforderlich.

Material- und fachgerechte Ausbesserung sind zulässig.

Hier geht es um grundlegende Erkenntnisse **sichtbar bleibender** Betonflächen, deren gestaltete Aufgabenstellung unterschiedlicher Natur sein kann, d. h. schalungsbedingt oder im Zusammenspiel mit bestimmten Zuschlägen bzw. durch nachträgliche Bearbeitung oder Behandlung u. a. m.

Alle diese Sichtbarkeiten sind gezielt anzustreben, doch material- und ausführungsbedingterweise niemals vorher genau zu identifizieren.

Immer ist im Zuge der Erstellung eine Reihe unbekannter Faktoren mit einzuplanen.

Darüber sollten sich alle Partner im Klaren sein.

Bezüglich des Betonoberflächenbegriffs ist es in diesem Zusammenhang wichtig, ihn in der Leistungsbeschreibung nicht nur vom Typ her anzusprechen, sondern auch im Detail – dazu gehören zum Beispiel u. a. die Ebenflächigkeit gem. DIN 18 202 [1.21] mit Zeilenhinweis – eindeutig zu differenzieren.

Bei anspruchsvollem Sichtbeton bedarf es zweckmäßigerweise einer objektentsprechenden, d. h. unter **gleichen Bedingungen** erstellten Musterfläche, ausreichender Größe, ggf. innerhalb des betreffenden Bauwerkes (z. B. Kellerbereich).

Bezeichnungen, wie „sichtbar bleibende Fläche", „Sichtbeton-Optik", sind ohne zusätzliche Erläuterung als Qualitätshinweis fachlich unzureichend.

Dem Auftragnehmer steht ggf. das Recht zu, partielle, optische Mängel, wie sie praktisch unvermeidbar sind, fach- und materialgerecht so auszubessern, dass sie sich **in ihrer Gesamtheit** der gestellten Sichtbetonforderung, also im Sinne der **Einheitlichkeit der Fläche** und **nicht der Farbgleichheit** – die nach Lage der Heterogenität des Baustoffes Beton ohnehin nicht möglich ist – objektgerecht einordnen.

1.2.3.2 Mit Schalungshaut gestaltete Betonflächen

Unter Beachtung des Abschnittes 1.2.3.1 ergeben sich Gestaltungsmöglichkeiten durch den Einsatz entsprechender Schalungshaut. In der Ausschreibung sind die Betonflächenstrukturen zu nennen.

Weitere Möglichkeiten ergeben sich unter Beachtung des Abschnittes 1.2.3.1 durch Einfärben (Pigmente) oder Verwendung farbiger Ausgangsstoffe.

Hier bestimmt – unabhängig von einer späteren Bearbeitung oder Behandlung – die Schalungshaut den Oberflächencharakter des Betons.

Das setzt voraus, dass der Ausschreibende sowohl die Schalungshaut selbst, als auch ihren möglichen Einfluss auf den Beton, vom Material – ggf. im Zusammenhang mit Trennmittel – und der Verarbeitung her, genau kennt und planungstechnisch berücksichtigt.

Demzufolge muss die Leistungsbeschreibung – allein der Betonfläche – so eindeutig sein, dass der Auftragnehmer bei der Wahl der Schalungshaut alle materialbezogenen und anwendungstechnischen Gesichtspunkte risikofrei berücksichtigen kann.

Evtl. Unklarheiten berechtigen ihn nicht nur, sondern verpflichten ihn gem. VOB/B § 4 Abs. 3 [1.10] zur Anmeldung „fachlicher Bedenken" und zwar solange, bis zwischen den Vertragspartnern eindeutig Klarheit herrscht und die Betonfläche, wie es lt. VOB/A § 9 Absatz 2 [1.9] sinngemäß heißt, „ohne ungewöhnliches Wagnis gegenüber Umständen und Ereignisse, auf die keinen *Einfluss hat*" erstellen kann. Unter diesen Gesichtspunkten werden im Kommentar alle Schalungshaut–Typen erfasst, preisliche Hinweise – in Relation zum massiven Standard-Brett – gegeben, typische Merkmale zum Schalhautmaterial, empfehlende Ratschläge zur Verarbeitung und Behandlung unterbreitet und ihre mögliche Einflussnahme auf den Beton übersichtlich beschrieben, bzw. in Skizze und Foto ergänzt.

1.2.3.3 Bearbeitete Betonfläche

Dies sind Betonflächen nach Abschnitt 1.2.3.2 und ungeschalte Flächen, die zusätzlich bearbeitet werden.

Bearbeitungsarten sind z. B. Waschen, Spalten, Spitzen, Stocken, Scharrieren, Sandstrahlen, Absäuern, Schleifen, Flammstrahlen, Walzen, Glätten, Besenstrich.

Bereits der Planverfasser muss sich bewusst sein, dass auch nachträglich bearbeitete Betonflächen, schalungstechnologisch gesehen, Sichtbetonflächen ausführungstechnisch gleichkommen und dementsprechend auszuschreiben sind. Aufgabe des Auftragnehmers ist es, bereits im Zuge der Arbeitsvorbereitung zu überprüfen, ob und inwieweit die Leistungsbeschreibung praxisbezogen ist, um sich ggf., also bei Überforderungen des § 4 VOB/B Abs. 3 [1.10], zu bedienen.

1.2.3.4 Nachträglich behandelte Betonflächen

Dies sind Betonflächen nach Abschnitt 1.2.3.2 und Abschnitt 1.2.3.3, die bei besonderen Anforderungen zusätzlich behandelt werden, z. B. durch Fluatieren, Polieren, Versiegeln, Beschichten, Imprägnieren (Hydrophobieren).

Bei dieser Thematik geht es darum, die Funktionen nachträglicher Behandlungen, betonflächen- und objektbezogen anwendungstechnisch und kommerziell zu analysieren.

Besonders, weil der hier zu integrierende Bereich des sog. „Betonschutzes" aus betontechnologischer Sicht umstritten zu sein scheint, von der praktischen Seite her aber eindeutig ist, gehört dieser fachlichen Erläuterung ein fester Platz im Kommentar.

1.2.4 Betonflächen mit technischen Anforderungen

Die Flächen haben bestimmte technische Funktionen zu erfüllen und/oder dienen Nachfolgegewerken.

Die jeweils zu berücksichtigenden Anforderungen sind in der Leistungsbeschreibung zweifelsfrei zu formulieren.

Material- und fachgerechte Ausbesserungen sind zulässig.

Die Praxis hat gezeigt, dass dieser Fachbereich, bei dem oftmals ausführungstechnische und damit kommerzielle Interessenüberschneidungen gegeben sind – das gilt besonders für die Innenausbaubereiche – besondere Probleme bez. der Begriffsbezeichnungen und ihrer praktischen Auslegung bietet.

Aufgabe des Kommentars also muss es sein, hier anwendungstechnische Klarheit zu schaffen, die Belange der Rohbauleistungen gegenüber den Nachfolgegewerken abzustecken und diesbezüglich auch den Geltungsbereich, z. B. der Ebenflächigkeitstoleranzen (DIN 18 202 [1.21]) und die sich in diesem Zusammenhang ergebenden Rohbauüberarbeitungen, fachlich zu erläutern.

Dazu gehört u. a. auch die Thematik material- und funktionsgerechter Ausbesserungen und ihre formale Rechtfertigung gegenüber abweichenden Leistungsbeschreibungen.

2 Differenzierung der Betonflächen-Typen

2.1 Allgemeines

Gemäß VOB/A DIN 1960 § 9 Abs. 1 [1.9] ist die Leistung eindeutig und erschöpfend zu beschreiben.

Unabhängig von der grundsätzlichen Forderung, wonach Beton und Stahlbeton den Bedingungen der DIN 1045 [1.2 – 1.6] u. a. unterliegen, ist hier unter dem Begriff Leistung die Betonfläche zu verstehen.

Sie gilt als Zulageposition und ist dementsprechend zu kennzeichnen.

Das gilt ggf. sowohl für die gestalterische Konzeption im Sinne Ästhetik und evtl. notwendiger konstruktiver Schalungstechnologie – wie sie u. U. in Bild und Skizze zu erläutern sind – als auch, in Abstimmung mit den Belangen nachfolgender Gewerke, bezüglich der Ebenflächigkeit.

Für die Ebenflächigkeit ist allein DIN 18 202 [1.21] maßgebend und zwar unter Hinweis auf die jeweiligen Genauigkeitszeilen bzw. Bauteile /Funktionen.

Wo diese Angaben fehlen, die Leistungsbeschreibung nicht eindeutig ist, ist einerseits der Auftragnehmer verpflichtet, gemäß VOB/B § 4 Absatz 3 [1.10] – schriftlich – „fachliche Bedenken" anzumelden, bzw. gilt andererseits, d. h., wenn keine entsprechende Erklärung des Planverfassers folgt, mit Tab. 3, Zeile 5 DIN 18 202 [1.21] die unterste Genauigkeitsklasse, bzw. Zeile 6 im Zusammenhang mit „oberflächenfertigen" Einheiten. Widersprüchliche Forderungen der Betonfläche gegenüber der daraus notwendigen Schalungs-Type in Anlehnung an evtl. vorgeschriebene Ebenflächigkeit, wie sie sich z. B. bei „sägerauen Brettern" durch materialbedingten Verzug abzeichnen können, verpflichten – u. U. durch Einschaltung einer Probefläche – unter Bezug auf VOB/B § 4 Absatz 3 [1.10] beide Vertragspartner zur gegenseitigen Abstimmung, wobei die Initiative beim Auftragnehmer liegen muss.

Unter diesen Gesichtspunkten und unter Zugrundelegung der Absätze lt. DIN 18 217 [1.25] ergeben sich folgende Betonflächen-Typen:

2.2 Betonflächen ohne besondere Anforderungen

Hier entfällt die Notwendigkeit der Leistungsbeschreibung, da die Wahl der Schalhaut nach Material und Herstellung allein dem Auftragnehmer überlassen bleibt.

Unter Zugrundelegung der untersten Genauigkeitsklasse gem. DIN 18 202 [1.21] sind dem AN keine weiteren Auflagen gemacht. Ausführungstechnische Einschränkungen, die ggf. struktur- oder maßbezogen sein können, jedoch nicht in den Bereich gestalterischer Auflagen fallen, werden im Zusammenhang mit Absatz 1.2.4 „Betonflächen mit technischen Anforderungen" behandelt.

2.3 Betonflächen mit Anforderungen an das Aussehen

2.3.1 Allgemeines

Geschalte Betonflächen sind – ggf. auch bei nachträglicher Bearbeitung oder Behandlung – das Spiegelbild der Schalungshaut. Die eindeutige, vom Auftragnehmer geforderte, Wahl der „zweckmäßigen" Schalungshaut muss sich demzufolge aus der Leistungsbeschreibung ableiten lassen und zwar sowohl nach Typ als auch in speziellen Fällen nach Fabrikat.

Die konstruktiven (z. B. Spundungen beim Brett) bzw. verarbeitungstechnischen (z. B. Trennmittelwahl und -handhabung) Belange bleiben grundsätzlich dem Auftragnehmer überlassen, sind aber funktionell der Leistungsbeschreibung zu entnehmen.

Das bedeutet z. B., dass im Falle eines brettgeschalten Sichtbetons einerseits der gestalterischen Aufgabe zu entnehmen sein muss, ob es sich um eine strukturell **glatte**, also mittels Hobelbrett, oder um eine **raue**, mittels sägerauem Brett zu schalende Fläche handelt, wobei andererseits die Auflage der Spundung – deren konstruktive Art dem AN überlassen bleiben muss – vom optischen Hinweis abzuleiten ist.

Haben wir es in diesem Zusammenhang bei der Forderung einer holzstrukturierten Betonfläche mit der Reproduktion einer Kunststoff-Matrize zu tun, so ist diese Sonderleistung der Leistungsbeschreibung zweifelsfrei zu entnehmen.

Dabei verpflichten weitergehende Forderungen, wie z. B. „porenfrei", „farbgleich", die im Widerspruch sowohl zur Schalhaut als auch zum Beton stehen, den AN gem. VOB/B § 4 Absatz 3 [1.10] zur Anmeldung fachlicher Bedenken.

In solchen Fällen ist es zweckdienlich, die Ermittlung anwendungstechnischer Grenzen und gestalterischer Möglichkeiten einer objektentsprechenden Musterfläche zu überlassen.

„Objektentsprechend" bedeutet, nach Material, Dimension, Verarbeitung, Witterung u. a. die Übereinstimmung mit dem anstehenden Bauwerk bzw. der zu erstellenden Betonfläche.

Demzufolge ist man gut beraten, eine solche Probeeinheit im Zuge des zu erstellenden Bauwerkes – z. B. im Kellerbereich – einzuplanen.

Andernfalls sind dem AN die Selbstkosten einer Sonderleistung zu vergüten.

Im Mittelpunkt der Leistungsbeschreibung gestalterischer Betonflächen bedarf es neben dem unmittelbaren strukturellen Einfluss der Schalungshaut des betonbezogenen Hinweises, dass wir es diesbezüglich mit einem heterogenen Baustoff zu tun haben.

Abb. 2.3 – 1: Sichtbetonflächen im Kontrast zur Natur

Beton besteht strukturmäßig aus Bindemittel und Gestein, Körnungen (Zuschlag) verschiedener Größen, wobei seine Oberfläche vom Zementstein, d. h. Mehlkorn bestimmt wird.

Struktur – weitestgehend von der Schalungshaut bestimmt – Dichte und Gleichmäßigkeit des Zementsteins bestimmen den Grauton der Betonfläche.

Da eine völlig übereinstimmende Zementsteindichte sowohl schalungs- als auch betonbezogen aus der verarbeitungstechnologischen Sicht beider Materialien nicht möglich ist - von den Stoffen selbst ganz abgesehen – ist auch eine Grautongleichheit partiell nicht zu erzielen. Das gleiche gilt für die Porenbildung, bei der als Einfluss u. U. zusätzlich der mögliche Klebeeffekt des Trennmittels hinzu kommt.

In diesem Sinne kann im Zusammenhang mit Betonflächen gestalterisch nur von „Einheitlichkeit" gesprochen werden, die weitgehend vom Betrachtungsabstand abhängt. (siehe Kapitel 6)

Abb. 2.3 – 2: Verschieden große, farbige Sichtbetonfertigteile eignen sich hervorragend zur Fassadengestaltung.

Mit anderen Worten ist es nicht zuletzt eine Frage der Architektur selbst, d. h. der Dimensionierung, Gliederung und Abstimmung zu den benachbarten Baustoffen, den Wirkungsgrad einer gestalterischen Betonfläche zu bestimmen.

Geschmack ist nicht normbar!

Sichtbeton ist architektonisch Ergebnis einer nach Dimension und Struktur mit der Umgebung abgestimmten Zementsteinfläche, die – sofern unbearbeitet und/oder unbehandelt – im einheitlichen Grau oder aber partiell grautonbelebt bzw. coloriert in Erscheinung tritt.

Aufgabe des Planverfassers ist es, vorab das gestalterische Konzept zu bestimmen, unter der Voraussetzung, dass ihm die Materie Beton und Schalung nach Material und Verarbeitung bekannt ist.

Hierbei sollte den Schalungsplänen ein Schalungsmusterplan hinzugefügt werden sowie zusätzliche Angaben zu beispielsweise Ankerkonen, Brettrichtung und Stößen gemacht werden.

Sache des Auftragnehmers ist es, Schalung und Beton fach- und materialgerecht zu handhaben.

Die eindeutige Leistungsbeschreibung ist dabei die ausführungstechnische Grundlage.

Bei den nachstehenden Betonflächen-Typen im Sinne gestalterischer Aufgabenstellung erfolgt die Gliederung bzw. Reihenfolge analog entwicklungs-chronologischer Schalungseinstufung.

Es stehen somit die Holztexturen am Anfang, gefolgt von der planeben-glatten bis zur profilierten Betonfläche.

Abb. 2.3 – 3:
Auch Form und Größe eines Sichtbetonbauteils sind mit entsprechender Planung in die Praxis umsetzbar.

2.3.2 Flächengestaltung durch Schalung

2.3.2.1 Holztextur-Betonflächen (Mustertext)

Sichtbeton, holzstrukturiert, rau (sägeraue Bretter)

glatt (Hobelbretter)

horizontal angeordnet

vertikal angeordnet

gem. Zeichnung angeordnet

Brettbreite beliebig

Brettbreite ..... cm

beliebige Stöße

geordnete Stöße, lt. Skizze

Wie oben, doch mit **kunstharzvergüteter Oberfläche**, d. h. als nicht saugende Schalung.

Sichtbeton, holzprofiliert (mechanisch vorbehandelte Bretter)

Schalungs-Oberfläche roh,

Schalungs-Oberfläche versiegelt

sonst wie Pos. 2.3.2.1

Sichtbeton, holzprofiliert, flächig gegliedert

im Format .... / .... cm

horizontal angeordnet

vertikal angeordnet

gem. Zeichnung angeordnet

mit saugender Schalung

mit vergüteter – nicht saugender – Schalung

ggf. Angabe des Fabrikates

Sichtbeton, holzprofiliert, flächig gegliedert

im Format .... / .... cm

horizontal angeordnet

vertikal angeordnet

gem. Zeichnung angeordnet

als Reproduktion einer elastischen Matrize, (Stichwort: Reliefbeton, Prägebeton)

Fabrikat .... ; Typ Nr. ……..……………

Sichtbeton gem. Position ....

mit versetzter Oberfläche gem. Skizze ....

bzw. ausführlicher Beschreibung.

Bei den vorstehenden holzstrukturierten bzw. profilierten Ausführungen sind die Ebenflächigkeits-Toleranzen mehr oder minder materialabhängig und erfahrungsgemäß in den Bereich DIN 18 202, Tabelle 3, Zeile 6 [1.21] einzustufen.

Abweichungen nach oben sind u. U. bei saugendem, ≥ 12 cm breiten Brettern bis in den Bereich Zeile 5 möglich.

Der Hinweis „Sichtbeton" ist auch dann im Sinne DIN 18 202 [1.21] als „oberflächenfertig" zu verstehen, wenn Betonflächen zusätzlich bearbeitet oder behandelt werden.

Abb. 2.3 – 4: Sichtbeton in Kombination mit Glas

Abb. 2.3 – 5: Minutiös ausgearbeitetes Detail einer Sichtbeton-Treppenwange

2.3.2.2 Planebene Betonflächen

Sichtbeton, planeben-glatt/porengeschlossen

planeben-glatt/porenoffen,

bei „porengeschlossenen“ Betonflächen haben wir es mit vergüteten, also nicht saugenden Schalungen zu tun, bei denen kein Wasseranspruch gegeben ist und das Zugabewasser voll der Hydratation zugute kommt. Für den Sichtbeton bedeutet das einen helleren Grauton aber u. U. im Zusammenhang mit Sedimentation intensivere Grautonschattierungen, also eine Beeinträchtigung der Einheitlichkeit.

„Porenoffene“ Flächen setzen unvergütete, also rohe Holzwerkstoffschalungen voraus. Dazu gehören neben Sperrholz auch Spanplatten u. ä. m., die zwar im Sinne einer sägerauen Brettschalung nicht als saugendes Material anzusprechen sind, trotzdem aber einen minimalen Eigenwasserbedarf besitzen, damit die Betonflächenstruktur „rastern“ und ihr – im Vergleich zur porendichten Reproduktion – einen gebrochenen, dunkleren Grauton vermitteln, der auch im Falle evtl. Sedimentationen weitgehend einheitlich bleibt.

In diesem Sinne eine Verminderung des optischen Risikos. Bezüglich der Ebenflächigkeit sind beide übereinstimmend gem. Zeile 6 DIN 18 202 [1.21] einzustufen und erfüllen ggf. auch die Toleranzgenauigkeiten der Zeile 7 (erhöhte Anforderungen).

Siehe hierzu auch die Tabellen 11 und 12 in Kapitel 7.

Grundsätzlich aber sind in diesem Toleranzbereich Versprünge bzw. Absätze innerhalb der Schalungshaut-Stoßbereiche nicht auszuschließen, da diese gem. der einschlägigen Platten-Normen DIN 68 762 [1.52], 68 791 [1.53], 68 792 [1.54] u. a. materialbedingterweise infolge Feuchtigkeitsaufnahme bzw. -abgabe unvermeidlich sind.

DIN 18 202 [1.21] berücksichtigt diesen Tatbestand dergestalt, dass sie die Minimalwerte ab Messstrecke 0,1 m grafisch einsetzt (siehe Bild 2 dieser Norm).

Diese kaum vermeidbare „Ungenauigkeit" lässt seitens der Leistungsbeschreibung – ggf. mittels Skizze – einen Hinweis auf die Flächen-Gliederung unumgänglich erscheinen, dem möglichst die Standardformate der Holzwerkstoffschalungen eingeordnet sind.

Konstruktive und zugleich physikalische Notwendigkeiten können sich im Zusammenhang mit Sichtbetonforderungen bei Plattenschalungen – vor allen Dingen bei Vollholz- und Dreischichtenplatten – dann ergeben, wenn man gegensätzliche Witterungsverhältnisse zu berücksichtigen hat.

Unter Feuchtigkeitseinwirkungen schwinden bzw. quellen Holz- und Holzwerkstoffschalungen aller Typen – auch Sperrholz – mit unterschiedlicher Intensität.

So rechnet man bei Massivholz je % Feuchtigkeit mit ca. 0,2 % und bei Sperrholz mit etwa 0,02 % mittlere Dimensionsveränderung.

Um Betongratbildungen bzw. Absandungen oder gar Nestansätzen konstruktiv entgegenzutreten und damit den gestalterischen Sichtbetonwert optimal zu gewährleisten, ist die Eigenfeuchte der Schalung durch entsprechende Behandlung (Wässern bzw. witterungsgeschützt zu lagern) auf den praxisbezogenen Mittelwert zum Montagezeitpunkt sicherzustellen.

Der Planverfasser sollte diese materialbezogenen Gegebenheiten bei seiner Leistungsbeschreibung berücksichtigen.

2.3.2.3 Industrie- oder Ingenieursichtbeton

Abb. 2.3 – 6: Rohbauansicht nach Fertigstellung und Montage der Stahlbetonbauteile

Sichtbeton untergeordneter Qualität, „2. Wahl" sozusagen, bietet sich z. B. bei Industriebauten – ggf. mit späterem Anstrich – durch den Einsatz von Plattenschalungen in Vollholz oder Dreischichten gem. DIN 18 215 [1.23] an.

Hier geht es darum, eine größere Flächeneinheit konventionell oder mittels Systemschalung wirtschaftlich in der Durchführung und einheitlich im Gesamtbild zu erstellen.

Mit der Vielzahl der relativ kleinen Elemente (150 x 50 cm o. ä.) sind partielle Unzulänglichkeiten kaum zu vermeiden und sollten sich im Sinne der Aufgabenstellung dem Objekteindruck unterordnen.

Immer wieder werden ausschreibungsseitig Kassetten- oder Rippendecken in Sichtbeton gefordert.

Hier kann es sich günstigstenfalls um Industrie- bzw. Ingenieurbeton, also mehr oder minder streichfähige Betonflächen handeln.

Mit anderen Worten ist ein einheitlicher Grauton bei Betonkörpern, deren Oberflächen in unterschiedlichen Ebenen zueinander verlaufen, in einem Arbeitsgang geschüttet und im Sinne betontechnologischer Forderungen intensiv verdichtet werden, seitens des Ausführenden nicht zu gewährleisten.

Die anwendungstechnischen Ursachen liegen, besonders bei oberflächenglatten Schalungen, in folgenden Tatbeständen:

a) sind die Bewehrungsanteile bei dreidimensionalgeschalten Betonkörpern so hoch, d. h. die Abstände der einzelnen Bewehrungsstäbe, vor allen Dingen untereinander, so eng, dass der für eine homogene Betonstruktur im Zuge der Verdichtung erforderliche Spielraum – vor allen Dingen die Bewegungsfreiheit des maximalen Kornes – nicht oder nur bedingt gegeben ist.

   Es entsteht somit ein Siebeffekt.

b) Aufgabe des Auftragnehmers ist es, mit Sicherheit die geforderte Betonfestigkeit bzw. das geschlossene, nestfreie Gefüge zu gewährleisten. Damit ist der Zwang einer intensiven Verdichtung gegeben.

c) Mit dieser Verdichtungsintensität einerseits und der bewehrungsbedingten Sedimentationstendenz zum anderen, kommt es unvermeidbar zu Konzentrationen, besonders des Fein- und Feinstkornes – sprich Mehlkorn (0/0,25) – was u. U. eine erhebliche Minderung des W/Z-Faktors, Hydratationsbeeinträchtigungen und damit starke, partielle Grautonschattierungen zur Folge haben kann. Hinzu kommt, dass der Mehlkorngehalt, bezogen auf das Größtkorn, seitens DIN 1045 [1.2 - 1.6] empfohlen ist und im Zusammenhang mit feingliedrigen Querschnitten und demzufolge einem max. Korn 16 mm, ca. 450 kg/m³ beträgt.

   Dabei kann man davon ausgehen, dass ca. 2/3 des optisch „belasteten" Mehlkornes aus Zement besteht.

d) Dieser Vibrationseffekt, der seine Begünstigung u. U. in der Glätte der saugenden oder nicht saugenden Schalungsoberfläche unterschiedlich erfährt, wirkt sich zusätzlich entsprechend der Schalungsebenen aus, d. h. erfährt bei einer horizontalen Fläche eine gleichmäßigere Verteilung des Feinstkornes, als es z. B. bei einer vertikalen oder gar schräg verlaufenden Fläche der Fall sein kann.

   Im letzteren Fall kann es, je nach Wasserrückhaltevermögen des Zementes, Grad des W/Z-Faktors und Beschaffenheit des Betonzuschlaggerüstes – besonders bei Leichtbeton – zu Schleppwassereffekten, Schlierenbildungen, schlechthin zu Grautonschattierungen führen, deren Umfang und Gegensätzlichkeit erst nach dem Ausschalen in Erscheinung treten.

Zusammengefasst die Erkenntnis, dass großflächige Rippen-, Kassetten- oder ähnliche Betonkonzeptionen in rein gestaltetem Sichtbeton nicht ausführbar sind.

Unter der Bezeichnung „Industrie- oder Ingenieursichtbeton" lassen sich auch gleitgeschalte Flächen einordnen, deren Qualität vom einheitlichen Gesamteindruck bestimmt wird.

Referenzbauten sollte, - gem. DIN 18 217 Abs. 2.3.1 Pkt. 4 [1.25] – der Leistungsbeschreibung dienlich sein.

2.3.2.4 Sichtbeton planeben-rau

Eine Reproduktion – wahlweise unterschiedlich – gerasterter Holzwerkstoffplatten (bislang Furnierplatten gem. DIN 68 792 [1.54] auf dem Markt) bieten sog. Siebdruckschalungen.

Die Betonflächen zeigen eine porengeschlossene, dem Raster entsprechend raue und im Lichteffekt dunkle Wirkung, deren Funktion infolge der größeren Oberfläche im Zusammenhang mit Kunstharzanstrichen besonders zweckdienlich sein kann. Entsprechend der Ausführungsindividualität ist hier das Schalungsfabrikat zu benennen, zumindest aber die Rastereinheit.

Toleranzeinstufungen entsprechen mit DIN 18 202 [1.21] den Forderungen der Zeilen 6 oder 7, entsprechend der Planung bzw. der Aufgabenstellung.

2.3.2.5 Sichtbeton profiliert - kunststoffgeschalt

Eine Möglichkeit zur Herstellung von profiliertem Sichtbeton ist die Verwendung von PU-Hartschaum-Matrizen oder gummielastischen Vorsatzplatten. Letztere Variante bietet den Vorteil einer hohen Einsatzzahl von ca. 80 Anwendungen.

Im Gegensatz hierzu wird die PU-Hartschaumplatte nur zur einmaligen Verwendung genutzt.

In beiden Fällen sind die Fabrikatangaben in Abhängigkeit der Verarbeitungsrichtlinien der Hersteller unumgänglich.

Das gilt für die Materialien selbst wie für alle Zubehörerzeugnisse, vom Spachtel bis zum Trennmittel, und es ist zweckdienlich, ggf. einen Anwendungstechniker zu Rate zu ziehen.

Bezüglich der Betonflächenqualität ist es ratsam, in jedem Fall eine objektentsprechende Probefläche zu betonieren.

Aufgrund der hohen Preise für Kunststoffschalungen ist es ratsam, frühzeitig einen Kostenvergleich durchzuführen.

2.3.3 Bearbeitete Betonflächen

Bearbeitete Betonflächen gem. Abs. 2.3.3 der DIN 18 217 [1.25] sind Sichtbetonflächen der vorstehenden Abschnitte – Abs. 2.3.1-2.3.2 – und ungeschalte Flächen, die einer nachträglichen Oberflächenbehandlung unterzogen werden. Dazu gehören u. a. Waschen, Spalten, Spitzen, Stocken, Scharrieren, Sandstrahlen, Absäuern, Schleifen, Flammstrahlen, Walzen, Glätten, Besenstrich.

Alle derartigen Maßnahmen dienen in erster Linie der Gestaltung doch ggf. auch im Zusammenhang mit optischen Mängelrügen deren Neutralisierung.

Vorrangig findet man Bearbeitungen von Betonflächen im Bereich industriell erstellter Fertigteile, sei es als tragende Einheiten, wie Stützen, Balken usw., gestalterische Elemente wie Fassadenplatten, oder optisch-funktioneller Teile wie Betonplatten, Randsteine u. a.

Abb. 2.3 – 7: Bearbeitete Betonflächen

Abb. 2.3 – 8: Sichtbeton: Steinmetzmäßige Bearbeitung

Waschen:

Bearbeitung zur Erzielung einer Waschbetonfläche.

Auswaschtiefe darf nicht mehr als ein Drittel des Größtkorndurchmessers betragen.

Verfahren des Auswaschens sind: Positiv-, Negativ- und Sandbettverfahren.

Sofern der Vorsatzbeton aus fertigungstechnischen Gründen mit Magerbeton erstellt wird, empfiehlt sich im Sinne eines sog. „Betonschutzes", also einer Hydrophobierung, eine entsprechende nachträgliche „Behandlung". Siehe Abb. 2.3 – 9.

Spalten:

Bearbeitung mit einer Spaltmaschine, die z. B. aus plattenförmigen Werkstücken Mauersteine mit gespaltenen, bruchrauen Flächen fertigt. Die gespaltene oder bruchraue Fläche kann auch mit einem Hammer und/oder Eisen hergestellt werden. Mauersteine nach dieser Bearbeitungsart heißen „Spaltmauersteine", „Spaltriemchen" oder „Bossensteine".

Außer solchen zum Vermauern oder Vormauern verwendete Steine können auch Seitenflächen von Abdeckungen mit gespaltenen Oberflächen vorgesehen sein.

Spitzen:

Bearbeitung mit Spitzeisen. Hier wird senkrecht zur Sichtfläche mit einem Spitzeisen Schlag neben Schlag gesetzt. Es wird keine Richtung erkennbar. Zweckmäßigerweise werden Kanten gebrochen, da sonst keine exakte Eckausbildung möglich ist.

Stocken:

Bearbeitung mit dem Stockhammer. Der Stockhammer weist an seinem Kopfeisen die Ausbildungen von Spitzen auf. Mit diesem Hammer können Betonflächen aufgeraut, d. h. die oberste Zementhaut enfernt und die Zuschläge freigelegt werden. Diese Bearbeitungsart geht nicht so tief wie mit einem Spitzeisen.

Scharrieren:

Steinmetzmäßige Bearbeitung mit einem breiten Scharrier-Eisen. Es erfolgt ein Schlag neben dem anderen, so dass eine gleichmäßige Bearbeitungsrichtung entsteht. Scharrieren ist in der Regel nur bei relativ weichen Zuschlägen möglich. Man unterscheidet Normal- oder Doppelschlag. Siehe Abb. 2.3 – 7 und 2.3 – 8.

Sandstrahlen:

Bearbeitung mittels Sandstrahlgerät und einem Strahlgut, z. B. Sand, Glassand, Basalt oder Korund. Durch Aufstrahlen unter ca. 4-6 atü Druck wird die oberste Schicht des Betons abgestrahlt, und die Zuschläge werden sichtbar. Die Ausstrahltiefe kann variiert werden. Deshalb sind vor Ausführung Musterflächen zweckdienlich.

Absäuern:

Entfernen der obersten Zementhaut durch Säureangriff, z. B. verdünnter Salzsäure 1:10 o. a. Die Oberflächenwirkung kommt einem leichten Sandstrahlen nahe.

Vor und nach dem Absäuern gut mit Wasser auswaschen bzw. Nachspülen.

Struktureller Aufschluss der Oberfläche (Feinwaschen):

Bei dieser Alternative zum Sandstrahlen bzw. Absäuern erfolgt eine trennmittelchemische Bearbeitung über die Schalhaut. Der Zementleimaufschluss erfolgt – mehr oder minder steuerbar – in geringsten Tiefendimensionen bis zu einem Millimeter und erreicht ohne jedwede Nachteile einen Feinstruktureffekt, wie er sich besonders im Zusammenhang mit Zuschlageinfärbungen gestalterisch wirkungsvoll zeigt.

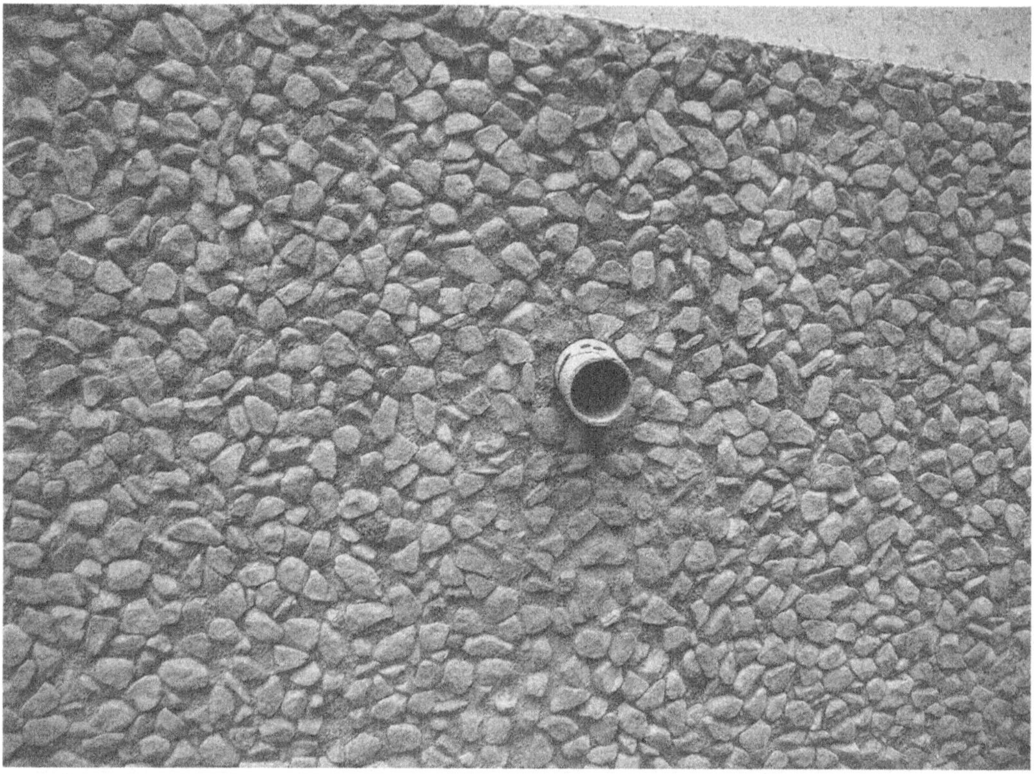

Abb. 2.3 – 9: Waschbeton-Oberfläche

Schleifen:

Bearbeitung durch Schleifen, auch Fräsen genannt, Feinschleifen, Spachteln der offenen Poren und Abziehen der erhärteten Spachtelmasse, in der Regel durch Schleifen mit einem noch feineren Schleifstein. Eine Wachspolitur ist in diese Bearbeitung nicht automatisch eingeschlossen.

Flammstrahlen:

Meist im Zusammenhang mit Regenerationsarbeiten Bearbeitung der Betonfläche mit intensiver Hitze (ca. 3000 °), um evtl. mürbe Bestandteile zu beseitigen. Bezüglich der Temperatureinwirkung auf Bewehrungen bei niedriger Überdeckung technisch umstritten. Flammstrahlen wird oftmals als Ausgangsbasis nachfolgenden Spritzputzes angewandt.

Walzen, Glätten, Besenstrich:

Bearbeitungsarten ungeschalter Betonflächen, bei denen es darum geht, einen optisch gezielten Abschluss zu erreichen.

Zusammenfassend bedarf es des Hinweises, dass alle Betonflächen, bei denen im Zuge der „Bearbeitung" die Zementleimschicht mehr oder weniger mechanisch beseitigt wurde, eine verstärkte Saugneigung gegenüber Außenfeuchtigkeit erfuhr, die infolge des heterogenen Aufbaus des Betons strukturell ungleichmäßig zur Auswirkung kommen kann. Hier können im Zusammenhang mit Niederschlag einerseits feuchtigkeitsbedingte starke Grautongegensätze die Architektur vorübergehend beeinträchtigen und folgen zudem erfahrungsgemäß, je nach Fassadenbeschaffenheit, d. h. bei geschützten Bereichen weniger, Karbonatisierungsaufhellungen, die dem Sichtbetonerscheinungsbild abträglich sein können.

Es empfiehlt sich in diesem Sinne für alle stark und vor allen Dingen unterschiedlich saugenden und wechselhaft witterungsbeeinträchtigten Betonflächen, vorzeitig einen hydrophobierenden, atmungsaktiven Betonschutz einzuplanen und vor allen Dingen, ggf. als Alternative auszuschreiben. (Siehe Buch: „Sichtbeton-Mängel" [2.5])

Abb. 2.3 – 10: Glatte Sichtbetonoberfläche mit gleichmäßig angeordneten Arbeitsfugen

2.3.4 Nachträglich behandelte Betonflächen

Dies sind gem. Abs. 2.3.4 der DIN 18 217 [1.25] Betonflächen nach Abschnitt 2.3.2 + 2.3.3, die bei besonderen Anforderungen zusätzlich behandelt werden, z. B. durch Fluatieren, Polieren, Versiegeln, Beschichten, Hydrophobieren u. a.

Sinngemäß kann man bei einigen Behandlungen von „Betonschutz", z. B. gegenüber Witterungseinwirkungen, zur Minderung von Oberflächenkarbonatisierungen, sprich Kalkschleierbildungen, -ausblühungen, als Feuchtigkeitsabweisung zur verminderten Korrosionsanfälligkeit bei Alkalitätsschwund bzw. unzureichender Bewehrungsüberdeckung, in Verbindung mit flächigen Instandsetzungen usw. sowie von mechanischer Qualitätssteigerung (Fluatierung) sprechen.

Ergänzende Hinweise in Sachen Instandsetzung, Hydrophobierung ist dem Kapitel 4 zu entnehmen.

Grundsätzlich sollte man im Zusammenhang mit Betonflächenbehandlung davon ausgehen, dass der gestalterische Betonflächencharakter bewahrt bleibt und es sich vorrangig um „jungen" Beton handelt.

Behandlungen aller Art bedürfen fachlicher Beratung bzw. sind die anwendungstechnischen Hinweise der Herstellerfirmen fach- und materialgerecht einzuhalten.

Abb. 2.3 – 11: Außenliegende Treppe in Sichtbeton ohne Schutz vor Feuchtigkeitseinwirkungen

2.3.5 Betonflächen mit technischen Anforderungen

Bei Betonflächen mit technischen Anforderungen haben wir es im anwendungstechnischen Sinne mit der Kontroverse zur gestaltenden Einheit zu tun.

Wenngleich die Aufgabenstellung technisch funktioneller Betonflächen eindeutig zu sein scheint, so können sich dergestalt bez. der Qualität, das. heißt z. B. der Ebenflächigkeit, des Porenanteiles, der Flächenstruktur u. a. dann Auffassungsunterschiede ergeben, wenn Nachfolgegewerke anstehen.

Dazu gehören zum Beispiel im Rahmen von Innenausbauten Maler, Tapezierer, Fliesenleger, Putzer usw., also Gewerke, für welche die ausgeschalte Fläche Ausgangsbasis eigener Leistungen darstellt.

Diese Gewerke haben eigene Normen, um deren Abstimmung es im Zusammenhang mit den Rohbaubelangen gehen muss.

Überschneidungen sind in diesem Zusammenhang kaum zu vermeiden und so muss es für alle Gewerke ein Anliegen sein, unklare Begriffe, praxisbezogen, zu analysieren.

Wenn es zum Beispiel u. a. zur Überschrift „Nebenleistungen" (DIN 18 363 Abs. 4 [1.32]) unter Abs. 4.1.5 heißt „Ausbessern einzelner kleiner Putz- und Untergrundbeschädigungen, ..." oder lt. Abs. 4.1.7 lautet „Verkitten einzelner kleiner Löcher und Risse, ... " sowie gem. DIN 18 366 [1.33] – ebenfalls unter „Nebenleistungen" (dieser Abs. bezieht sich zwar auf Holzflächen, ist aber sinngemäß auf Betonflächen zu übertragen) – Abs. 4.1.3 vom Nachfolgegewerker erwartet wird, dass er „lose sitzende Bauteile vom Untergrund zu entfernen" hat, so kann es nur in den Verantwortungsbereich der Leistungsbeschreibung bzw. entsprechender Vorbemerkungen fallen, die Definition evtl. Untergrundschäden genauso darzulegen wie es darum gehen muss, qualitativ zu beschreiben, was die Vertragspartner z. B. unter „gering" zu verstehen haben.

Da man in diesem Sinne z. B. bei der Forderung „möglichst ohne Poren" unvermeidliche Lunkerbildung weder größenmäßig noch zahlenmäßig erfassen kann, bedarf es hier bereits seitens der Leistungsbeschreibung der eindeutigen Einschaltung von **Musterflächen** – am besten „objektentsprechend" im Rahmen des Bauwerkes selbst.

Bezüglich der Ebenflächigkeit – und dazu gehören u. a. auch Versprünge, Gratbildungen usw. – kann es zumindest theoretisch keine Unklarheiten geben, denn – im Hochbaubereich – gelten übereinstimmend für alle Gewerke die Belange der DIN 18 202, Tab. 3 [1.21], siehe Kapitel 7, **Tabelle 11+12.**

Aufgabe der Leistungsbeschreibung muss es diesbezüglich u. a. sein, sowohl die Maßtoleranzen für den Rohbau – bei funktionellen technischen Flächen allgemein Zeile 6 – als auch für den Innenausbau – üblicherweise Zeile 7 „erhöhte Anforderungen" oder gar mehr – zweifelsfrei festzulegen.

Abb. 2.3 – 12: Sichtbeton mit zusätzlichen Anforderungen an Feuchtebelastungen

Im gleichen Zusammenhang bedarf es für das Nachfolgegewerk gegenüber der sog. „Vorbereitung des Untergrundes", z. B. der Klärung der Spachtelung, sofern diese u. U. im Rahmen von Mängelrügen dem Rohbauunternehmer angelastet werden.

Was ist in diesem Sinne eine Teil- oder Fleckspachtelung und unter welchen Umständen obliegt dem Nachfolgegewerk eine vollflächige Spachtelung?

Verlangt werden kann praktisch alles, sofern es ausführbar ist. Entscheidend aber ist die berechtigte VOB-Forderung nach einer „eindeutigen und so erschöpfenden Leistungsbeschreibung", damit „alle Bewerber die Beschreibung im gleichen Sinne verstehen müssen".

Das aber setzt gegenüber dem Planverfasser entsprechende Fachkenntnisse – hier bez. des Betonflächenbereiches – voraus.

Abb. 2.3 – 13: Sichtbeton mit zusätzlichen Anforderungen an Feuchtebelastungen

2.4 Begriffserläuterung zum Bereich „Betonflächen mit technischen Anforderungen"

2.4.1 Streichfähige Betonflächen

Abb. 2.4 – 1: Streichfähiger sichtbarer Beton

Streichfähige Betonfläche (gilt auch für geflieste Flächen) bedeutet in Anlehnung an DIN 18 363 [1.32] (Maler-Norm, VOB/C) und unter Berücksichtigung der zulässigen Toleranz gem. DIN 18 202 Zeile 6 [1.21] eine rohbetonbezogene optimale Ebenflächigkeit.

Der Porenanteil entspricht – schalungsbedingt – einer „nicht saugenden" Hautplatte, d. h. er soll so gering sein, dass dem Nachfolgegewerk als „Nebenleistung" eine Fleckspachtelung ausreicht.

Die Betonfläche bleibt nach wie vor eine Rohbauleistung. Das bedeutet u. a., dass Toleranzversprünge, entsprechend zulässiger Dickenabweichungen der Schalungsplatten gem. DIN 68 791 [1.53] und 68 792 [1.54], normale Gratbildungen – „normal“ bedeutet entsprechend DIN 18 202 [1.21] bis max. 2 mm Tiefe (siehe Tabellen-Auszug Kapitel 7, **Tabelle 11+12**) – u. a. vom Nachfolgegewerker anzuerkennen sind, sofern nichts anderes im LV gefordert wird – und deren Überarbeitungen in dessen „Vorbehandlung“ der Innenausbauflächen fallen.

2.4.2 Streichfertige Betonflächen

Eine streichfertige Betonfläche setzt eine Qualität voraus, bei der praktisch gegenüber der Rohbauleistung die **Vorbereitungsarbeiten** des Innenausbaus integriert sind.

Bezüglich der Ebenflächigkeitstoleranz gilt Zeile 7 der DIN 18 202, Tab. 3 [1.21] „besondere Anforderungen“, wobei Gratbildungen und Versprünge zu beseitigen bzw. auszugleichen sind.

Vorhandene Poren sind zu verspachteln.

Abb. 2.4 – 2: Streichfähiger sichtbarer Beton (Schüttlage sichtbar)

Abb. 2.4 – 3: Streichfähiger Sichtbeton

2.4.3 Streichfähiger oder streichfertiger Sichtbeton

Die ist eine Ausführung, die generell in den Bereich der gestaltenden Betonflächen einzuordnen ist, darüber hinaus in die Gruppe „Betonflächen mit nachträglicher Behandlung" gehört.

Bezüglich der Betonflächenqualität wird sie von der Schalung bestimmt und erhält von ihr die Struktur, als Basis für einen folgenden Anstrich.

Auch die Ebenflächigkeitstoleranzen entsprechen dem Sichtbetonbereich, sofern im LV keine zusätzlichen Forderungen gestellt werden.

2.4.4 Tapezierfähige Betonflächen

Eine tapezierfähige Betonfläche entspricht sinngemäß der „streichfähigen" Ausführung, Abs. 2.4.1, wobei es im Zusammenhang mit hochwertigen Tapeten zweckdienlich sein dürfte, diese hier anfallenden Vorarbeiten grundsätzlich dem Innenausbaufachmann zu überlassen.

2.4.5 Tapezierfertige Betonflächen

Eine tapezierfertige Betonfläche entspricht sinngemäß der „streichfertigen“ Ausführung, Abs. 2.4.2. Besonders hier sollte der Planverfasser bei optimalen Forderungen davon ausgehen, dass der Rohbauunternehmer gegenüber qualifizierten Innenausbauarbeiten überfordert ist.

Abb. 2.4 – 4: Tapezierfähige Betonflächen (sichtbare Schüttlagen)

2.4.6 Spachtelarbeiten

Spachtelarbeiten gehören üblicherweise in den Verantwortungsbereich des Innenausbauers, sofern es nicht darum geht, im Sinne von Mängelrügen berechtigte Toleranzabweichungen, Porenbildungen o. ä. zu neutralisieren.

Auch dann kann es – davon ausgehend, dass das Innenausbaugewerk ohnehin im Zuge der Vorbereitung des Untergrundes seine Spachtelleistung zu erbringen hat – zweckdienlich sein, wenn sich Rohbau- und Innenausbauunternehmer „intern“ abstimmen, d. h., der Maler, Tapezierer usw. die Arbeit gegenüber einem kommerziellen Ausgleich mit übernimmt. Tatsache aber ist – und diese Überlegungen müssen im Rahmen der Planverfassung am Anfang stehen – dass, zumindest theoretisch, zwischen den ausführungstechnischen Toleranzbelangen des Rohbauunternehmers, gem. DIN 18 202 Tab. 3, Zeile 6 [1.21] (Kapitel 7, **Tabelle 11+12**) bereits im Detailbereich der Messstrecke 0,1 m mit 3 mm und dem des Innenausbauers gem. Zeile 7 mit 2 mm eine Differenz von 1 mm ansteht, die gegenüber dem Maler, Tapezierer usw. grundsätzlich besagt, dass diese immer eine Vollspachtelung durchzuführen haben und zwar in der Dicke von ca. 1 mm.

Abb. 2.4 – 5: Sichtbare Spachtelausbesserungen

Erst mit weitergehenden Flächenabweichungen, z. B. durch Gratbildungen, Versprünge gem. Zeile 6 DIN 18 202 [1.21] ergibt sich seitens der Nachfolgegewerker gegenüber dem Rohbauunternehmer die berechtigte Forderung von Spachtelarbeiten, die dann jedoch meist partieller Natur sind.

Abb. 2.4 – 6: Sichtbeton mit Holzstruktur

Unter diesen Gesichtspunkten ergeben sich folgende Begriffe:

2.4.6.1 Spachtelfähige Fläche, ganzflächig

Eine spachtelfähige Fläche bedeutet praktisch eine Rohbetonfläche, die im Sinne des Nachfolgegewerkes von diesem ganzflächig zu spachteln ist. Dabei sind schalungsbedingte Porenbildungen im ganzen Bereich zugelassen.

Die Rechtfertigung einer vollflächigen Spachtelung ergibt sich aus der unter Abs. 2.4.6 gemachten Ausführung, basierend auf der Differenz der Minimaltoleranzen mit ca. 1 mm. Das gilt alternativ für Putzflächen.

2.4.6.2 Teilspachtelung

Eine Teilspachtelung ergibt sich für den Rohbauunternehmer, wenn bei festgelegten Poreneinschränkungen – z. B. „möglichst ohne Poren“ – schalungs- und arbeitsbedingte Abweichungen der Rohbauflächen und Toleranzüberschreitungen, partiell von mehr als ca. 1 m² bis ca. 25 % der jeweiligen Flächeneinheit vorliegen.

Bei größeren Flächenabweichungen kann der Auftraggeber eine ganzflächige Spachtelung der jeweiligen Einheit vom Rohbauunternehmer fordern.

Die Voraussetzung ist, dass bez. der zulässigen Toleranzen gem. DIN 18 202 [1.21] eine zweifelsfreie Leistungsbeschreibung vorlag.

2.4.6.3 Fleckspachtelung

Die Fleckspachtelung entspricht inhaltlich Abs. 2.4.6.2, jedoch für einen Flächenbereich unter 1 m² - der jeweiligen Wand-, Decken- o. a. Einheit.

Hiervon betroffen sind erfahrungsgemäß bei höheren Toleranzforderungen Schalungsstoßbereiche und Porenabweichungen partieller Natur.

Die Voraussetzungen zur leistungsmäßigen Harmonisierung zwischen Rohbau- und Innenausbaubelangen bzw. anderen Gewerken ist – im Gegensatz zur Sichtbetonfläche mit ihren ästhetischen Überlegungen, die eines sichtbaren Musters bedürfen – einer fach- und materialgerechten, umfassenden, d. h. ins Detail gehenden Leistungsbeschreibung.

In jedem anderen Fall, also bei evtl. Unklarheiten, muss es initiativ Aufgabe des Auftragnehmers sein, gem. § 4 Abs. 3 VOB/B [1.10] solange „fachliche Bedenken" anzumelden, bis Übereinstimmung besteht.

Seine praxisbezogene Aufgabe sollte es sein, Alternativvorschläge zu unterbreiten und er ist gut beraten, wenn er seinen schriftlichen Einspruch mit dem Hinweis abschließt: „Sollten wir ggf. nicht von Ihnen (dem Planverfasser) hören, sehen wir darin Ihr Einverständnis zu unserem Vorschlag".

2.4.7 Betonflächen-Begriffe außerhalb der DIN

Planverfasser, welche Betonflächenbegriffe konzipieren, die außerhalb dieser Norm liegen, sollten sich veranlasst sehen, diese – unter der Voraussetzung, dass sie praxisbezogen sind – zweifelsfrei zu erläutern.

Das heißt, dass der Auftragnehmer erkennen kann,

a) welche Aufgaben die Betonflächen zu erfüllen haben,

b) welcher Art die in Ziffern zum Ausdruck gebrachten Maßtoleranzen sein sollen, wobei eindeutig darauf hingewiesen wird, dass Forderungen unterhalb der Werte der DIN 18 202 [1.21] nicht mehr in den Bereich des Rohbaus fallen, sondern Bestandteile des Nachfolgegewerkes sind.

Wenn in diesem Zusammenhang eine Praxisbezogenheit verlangt wird, dann deshalb, weil z. B. Begriffe wie „Tapezierfähiger Sichtbeton" u. ä. m. in sich einen Widerspruch darstellen und diesbez. nicht ausführbar sind.

Begriffe wie „Schalbeton" u. ä. m. können durchaus anerkannt werden, sofern die dabei angesprochene Schalungs-Type genannt wird, einschließlich der Aufgabestellung und ihrer in Ziffern ausgeführten, den zu erwähnenden Messstrecken entsprechenden Toleranzwerte.

Der Vermerk der DIN 18 202 [1.21], wonach bei „flächenfertigen Wänden, Decken, Estrichen und Bodenbelägen Sprünge und Absätze vermieden werden sollen" – die DIN unterscheidet fein zwischen dem, was zu berücksichtigen ist, und dem , was wünschenswert ist (sollen) - , kann bez. geschalter Betonflächen nur über das Ausmaß der schalungsbezogenen Maßtoleranzen hinausgehenden Werte verstanden werden (z. B. DIN 68 791 [1.53] und 68 792 [1.54]).

Die DIN 18 202 [1.21] selbst weist im abschließenden Satz darauf hin, dass „die bei Baustoffen für die Ebenheit zulässigen Maßabeichungen in den Ebenheitstoleranzen nicht enthalten und daher zusätzlich zu berücksichtigen sind".

Dementsprechend ist auch die Grafik der DIN 18 202 [1.21] zu verstehen. Das gilt besonders für gestalterische Flächen, bei denen eine fach- und materialgerechte Nacharbeit u. U. optisch fragwürdig sein kann.

Abb. 2.4 – 7: Sichtbeton – wie er nicht sein soll!

Abschließend zum Thema „Betonflächen" ein Grundsatzhinweis, demzufolge der Begriff „Glatt" keinerlei Aussagen über die Ebenflächigkeit macht.

„Glatt" ist allein ein strukturbezogener Hinweis. Diesbezüglich kann es durchaus möglich und u. U. – z. B. bei Betonflächen mit technischen Anforderungen, wo es darum geht, über eine möglichst große Fläche bessere Haftungsbedingungen für Spachtel, Putz, Fliesen im Dünnbett u. a. m. zu erreichen – ausführungstechnisch zweckmäßig sein, mittels einer oberflächenrauen Schalung (z. B. Siebdruck) eine planeben-raue Betonfläche, im Gegensatz zu einer planeben-glatten – mit Filmvergütung erstellten – zu erstellen. Eine solche Einheit zeichnet sich für den Hersteller – z. B. gegenüber Schleppwassereffekten, Sedimentationen u. a. m. durch vermindertes Risiko aus und erscheint erfahrungsgemäß im dunkleren, einheitlicheren Grauton.

3 Schalungshautplatten-Typen – Anwendungsempfehlungen und Verwendungsmerkmale

Als „Mittel zum Zweck“ sind Schalungshautplatten gegenüber dem Beton formgebend und gestaltend. Sie haben somit technische und/oder optische Aufgaben zu erfüllen.

Die Schalungshautplatte ist in diesem Sinne ein Hilfsmittel, dessen kommerzielle Bedeutung, im Vergleich zum Rohbau, mit ca. 50 % – je nach konstruktiver Beschaffenheit des Bauwerks – den Wirtschaftlichkeitsgrad weitgehend bestimmt.

Aufgabe der Arbeitsvorbereitung ist es, ggf. im Zusammenhang mit Schalungs-Systemen, die jeweils zweckdienliche Schalungshaut unter Bezugnahme auf die Leistungsbeschreibung zu wählen.

Die Betonfläche ist das Spiegelbild der Schalungshaut.

Dabei sind keineswegs nur materialbezogene Schalungshauteigenschaften, sondern gleicherweise verarbeitungstechnische und konstruktive Momente für das Ergebnis maßgebend.

Die nachstehende Übersicht bemüht sich in diesem Sinne die Charakterisierung der Schalungshautplatten-Typen unter verschiedenen Gesichtspunkten der Eignung und Verarbeitung zu erläutern.

3.1 Massivholz

3.1.1 Allgemeines

Über Jahrzehnte war das Brett die „Standard-Schalung“ für Beton. Funktionell war und ist es noch heute der ideale Partner, da es infolge seiner materialbezogenen Porosität einen zweckdienlichen Feuchtigkeitsaustausch gegenüber der Betonfläche zu leisten vermag. Zement ist ein hydraulisches Bindemittel, d. h. Beton benötigt im Rahmen des Abbindprozesses Wasser, wobei, z. T. unter mechanischer Einwirkung, feuchtigkeitsgesättigter Zementleim an die Oberfläche, also in den Schalungsbereich kommt.

Das Brett mit normaler Eigenfeuchte – also ca. 18 % - ist unter diesen Gesichtspunkten in der Lage, bei Bedarf sowohl Feuchtigkeit abzugeben als auch aufzunehmen, um somit dem Hydratisierungsbedarf gerecht zu werden.

In diesem Zusammenhang unterscheidet das Brett – jahresringbezogen – die diesbez. aktivere „rechte Seite", welche grundsätzlich dem Beton zugewandt sein sollte und die porengeschlossenere „linke", dem Beton abgewandte Seite.

3.1.1.1 Aufgabenstellung - Spundung

Spundungen dienen zunächst der kraftschlüssigen, konstruktiven Verbindung loser Bretter und bieten diesbez. den Zusammenhalt flächiger Schalungen.

Weiterhin dienen sie der Abdichtung gegenüber dem mehr oder minder plastischen Beton und verhindert, sofern sie zweckdienlich gewählt wurde und die Eigenfeuchte der Bretter „stimmt", Absandungen und Nestbildungen.

Vom Auftragnehmer sollte in diesem Sinne vorausgesetzt werden, dass er über alle anwendungstechnischen Gesichtspunkte der Spundungen fachlich informiert ist.

Er allein trägt die praxisbezogene Verantwortung und sollte sich gegenüber allen anderslautenden Leistungsbeschreibungen distanzieren.

Anders gesagt trägt der Planverfasser für gezielt geforderte Spundungen im LV selbst die Verantwortung des Ergebnisses bzw. ist der Auftragnehmer gem. § 4 VOB/B [1.10] **verpflichtet**, „fachliche Bedenken" anzumelden.

Stumpfer Stoß / ungespundete Brettschalung

Hier haben wir es mit einer 08/15-Lösung zu tun, bei der – je nach Eigenfeuchte – Gratbildungen, Absandungen, Nestbildungen u. a. m. ausführungstechnisch integriert sind.

Das heißt nicht, dass bei Einsatz der rechten Brettseite zu Beton und einer zweckdienlichen Eigenfeuchte zum Zeitpunkt der Montage – 15 bis 16 % - und ausreichender Nässung vor dem Betonieren, sowie dem nach Material und Einsatz geeigneten Trennmittel, eine ordnungsgemäße Betonfläche unmöglich sein muss.

Das Risiko jedoch, gegenüber den o. a. Mängeln ist groß und der Auftragnehmer ist gut beraten, seinen Vertragspartner, sprich Auftraggeber, auf diesen Tatbestand besonders dann eindeutig hinzuweisen, wenn dieser von der Vorstellung gestalterischer Effekte ausgeht. Diese sind einheitlich kaum zu gewährleisten.

Siehe Skizze-Nr.: 3.1 – 1.

Wechselfalz-Spundung

Auch bei ordnungsgemäßer Eigenfeuchte und zum Beton gewandter rechter Brettseite sind weder geringe Absätze noch Gratbildungen ganz zu vermeiden.

Mit Absandungen dagegen ist keinesfalls zu rechnen, da über die Horizontalfuge der Falz eine ordnungsgemäße Abdichtung gegeben ist. Für Sichtbetonzwecke ist diese Lösung nur bedingt geeignet, kann dagegen bedenkenlos für Betonflächen „beliebiger

Beschaffenheit“, also z. B. im Zusammenhang mit anschließender Natursteinverkleidung, herangezogen werden, sofern die betontechnologischen Forderungen voll erfüllt sind. So z. B. die ordnungsgemäße Überdeckung der Bewehrung, welche voraussetzt, dass Versandungen und Nestbildungen allgemein nicht möglich sind.

Eine intensive, zuverlässige Heftung, am besten mittels Schraubnägeln, muss gewährleistet sein.

Siehe Skizze-Nr.: 3.1 – 2.

Brett-Spundungs-Typen:

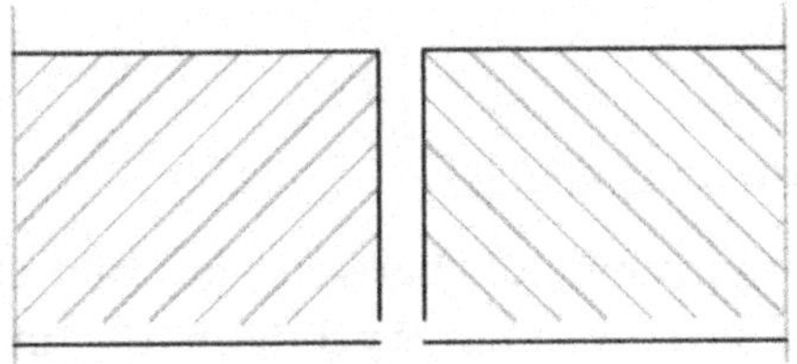

Skizze-Nr. 3.1 - 1: Stumpfer Stoß

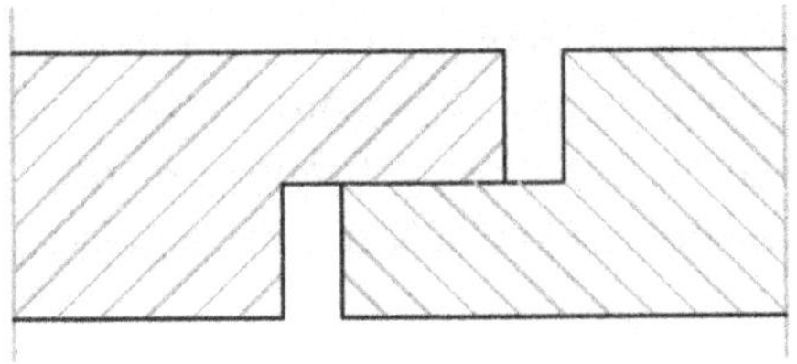

Skizze-Nr. 3.1 - 2: Wechselfalz-Spundung

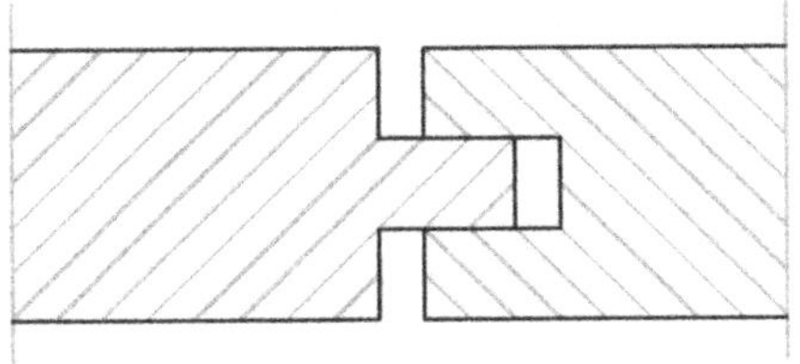

Skizze-Nr. 3.1 - 3: Nut-Feder-Spundung

Nut-Feder-Spundung

Diese wohl konventionellste Spundung entspricht im Erscheinungsbild der Betonfläche angenährt der Wechselfalz-Spundung, d. h. Grate und Versprünge sind kaum zu vermeiden. Letztere fallen hier allerdings dimensionsmäßig geringer aus.

Bei richtig eingesetzter rechter Brettseite zum Beton und ordnungsgemäßer Eigenfeuchte kann man davon ausgehen, dass hier ein einheitliches Betonbild erreicht wird, wobei ein gewisser Gratunterschied des ersten Einsatzes gegenüber dem folgenden kaum zu vermeiden ist. Von Nachteil z. B. gegenüber der Wechselfalz-Spundung ist die Nut-Feder-Ausführung dahingehend unwirtschaftlich, dass auch bei geringster Einsatzhäufigkeit ein verlustfreies Ausschalen kaum erreicht werden kann. Mit anderen Worten trägt die „Sensibilität" der Federn dazu bei, dass ein Demontieren von Flächenschalungen gleichzusetzen ist mit dem einsatztechnischen Verlust der Bretter.

Siehe Skizze-Nr.: 3.1 – 3.

Dreieck-, Keil- oder „Schweinsrücken"-Spundung

Die Art der Spundung ist eine unverständlicherweise bei zahlreichen Planverfassern bevorzugte Ausführung, welche anwendungstechnisch die meisten konstruktiven Unzulänglichkeiten in sich birgt.

Sie ist leistungsmäßig kaum besser als der stumpfe Stoß und hat diesem gegenüber u. U. den Vorteil verminderter Gratbildung, sofern die Dreiecknut über den gesamten Querschnitt geht und mit dem schrägen Ansatz ein Abbrechen des Betongrates die Folge ist.

Im Falle holztechnologisch bedingten Schwindens, also bei der Montage der Bretter gegebene hohe Eigenfeuchte – oftmals im Zusammenhang mit frischer Brettware oder nass gelagertem Material möglich –, ist diese Spundung undicht und führt mit Sicherheit zu Absandungen, Nestbildungen u. ä. m., kurz gesagt zu berechtigten Mängelrügen.

Mit anderen Worten eine konstruktive Lösung, die fachlich nicht empfohlen werden kann und bei der, sofern sie in der Leistungsbeschreibung namentlich gefordert wird, der Auftragnehmer nicht vergessen sollte, schriftlich gem. § 4 VOB/B [1.10] seine fachlichen Bedenken anzumelden.

Siehe Skizze-Nr.: 3.1 – 4.

Brett-Spundungs-Typen: (Fortsetzung)

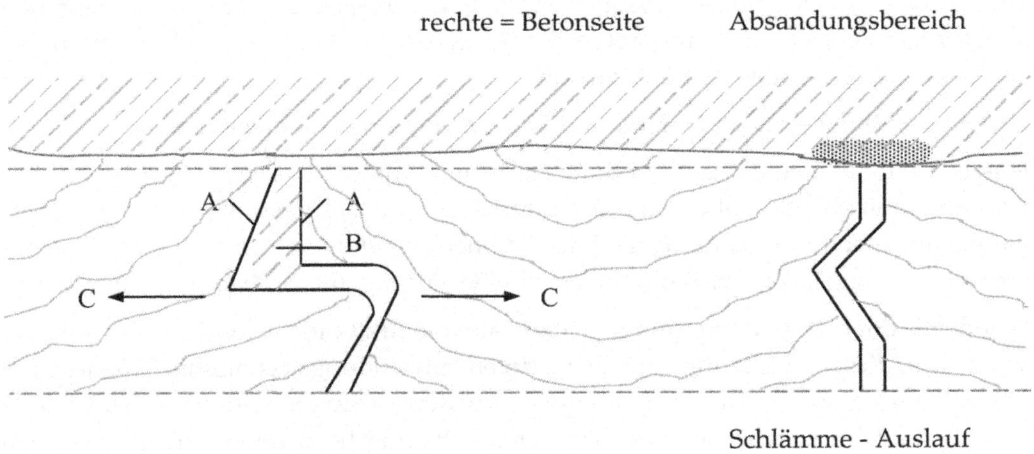

Skizze-Nr. 3.1 - 4: Dreieck-/Keil-Spundung

Brett-Stöße:

Links „untergefügte Keilspundung“ (positiv) / rechts übliche Keilspundung (negativ)

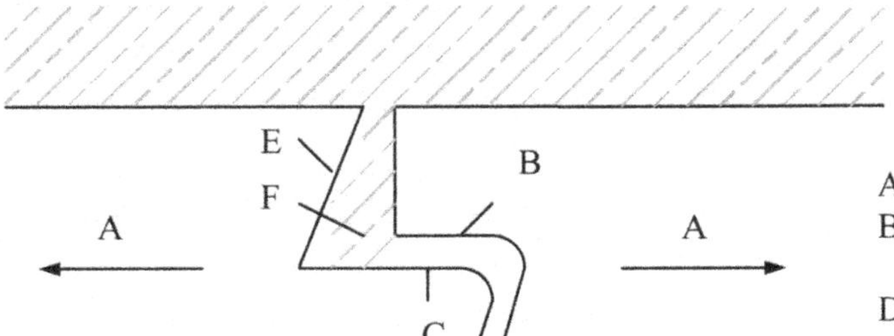

A = Horizontalfuge
B/C = horizontale Spundungslaibung
D = vertikale Spundungslaibung
E = Schräge
F = Dreieckskeil

Skizze-Nr. 3.1 - 5: „Spezial“-Spundung

Untergefügte Keil- oder „Spezial"-Spundung

Diese Spundung ist anwendungstechnisch aufgrund des zweckdienlichen Querschnitts die geeignetste Spundungsart. Ihr Vorteil liegt in der konstruktiven Synthese des Ansatzes einer Wechselfalz-Spundung, einschließlich der hier dominierenden Horizontalfuge sowie der zum Beton hin ausgebildeten Dreiecknut als „Auffangbecken" evtl. auslaufenden Zementschlämme.

Die Skizze-Nr. 3.1 - 5 lässt die Funktion dieser Spundung klar erkennen.

Unter Voraussetzung der rechten Brettseite zum Beton ergibt sich hier im konstruktiven Sinne mit den Schenkeln der Dreiecknut eine Kantenpressung, die, wenn überhaupt, nur einen minimalen Ablauf von Zementschlämme zulässt, die dann in der Dreiecknut festgehalten wird und im erhärteten Zustand die Abdichtung übernimmt.

Wer somit um eine saubere, einheitlich ausfallende Brett-Sichtbetonfläche bemüht ist, sollte sich dieser Spundung bedienen, deren anwendungstechnische Qualifikation vielfach nachgewiesen wurde. Wie bereits erwähnt, stellen Spundungen bei brettgeschalten Sichtbetonforderungen einen festen Schalungsbestandteil dar, für den **ausschließlich** der Auftragnehmer verantwortlich zeichnet.

Der spundungsbezogene Brutto-Preis der Bretter entspricht – je nach Ausführungsart – dem Multiplikationsfaktor von 1,2 bis 1,4, bezogen auf die „Standardausführung", also das stumpfe, sägeraue Brett.

3.1.1.2 Feuchtigkeitsbedingte Dimensionsveränderungen von Massivholz und Holzwerkstoffen - Schwinden und Quellen

Unter Schwinden und Quellen versteht der Fachmann die oftmals einfach als „Arbeiten" bezeichnete Volumenveränderung der Betonschalung, verursacht durch wechselnde Eigenfeuchte.

Entsprechend des Materialgefüges und der Konstruktion bzw. des Plattenaufbaus können die Dimensionsveränderungen erheblich sein und bedürfen anwendungstechnisch bereits bei der Montage der Betonschalung entsprechender Beachtung bzw. Vorbehandlung.

Zunächst sollte man in diesem Zusammenhang voraussetzen können, dass jede verantwortliche Bauunternehmung über einen entsprechenden – einfachen – Holz-Feuchtigkeitsmesser verfügt, um über Probemessungen zweckdienliche Schlüsse zu ziehen.

Volumenveränderungen finden nur unterhalb des Feuchtigkeits-Sättigungsbereiches statt. Oberhalb, also im vollkommen nassen Zustand sind Holz bzw. Holzwerkstoffe dimensionsstabil. Dieser optimale Zustand kann für eine Schalung dergestalt Vorteile zeigen, als z. B. eine strukturelle Trennmittelaufnahme nicht stattfindet, also oberflächenbeschränkt bleibt und zugleich – und das gilt vor allen Dingen für flexible Vorsatzschalungen – keine weiteren Ausdehnungsbestrebungen und damit keine Wölbungstendenzen im Schalungsoberflächenbereich – zu Lasten der Betonebenflächigkeit – gegeben sind. Wir haben es also im Falle anschließender Austrocknung, d. h. Minderung der Eigenfeuchte, nur mit Schwind- also Zugspannung zu tun, die von der Heftung übernommen werden muss.

Es ist also wichtig, vorgewässerte, nasse Schalungen kraftschlüssig auf dem Untergrund zu befestigen.

Das gilt in erster Linie für Plattenschalungen aller Art.

Bei Brettschalungen, also Massivholz, ist eine Feuchtigkeitssättigung auf jeden Fall zu vermeiden – hier bietet sich die Möglichkeit, im normalfeuchten Zustand durch Trennmittelbehandlung einer weiteren Feuchtigkeitsaufnahme Einhalt zu gebieten – da die Schwindtendenzen und damit die Dimensionsveränderungen um ca. das Zehnfache intensiver ausfallen als bei Sperrholzschalungen.

Holz verändert seine Dimensionen – jahresringbezogen – in unterschiedlichen Richtungen und zwar

a) in Richtung der Jahresringe (tangential) am stärksten,

b) in Richtung der Markstrahlen (radial), etwa die Hälfte zu Pos. a)

c) in Faserrichtung (longitudinal), geringfügig.

Daraus ergeben sich charakteristische Formänderungen von Holzquerschnitten infolge unterschiedlichen Schwindens bzw. Quellens.

Die DIN 1052-1 (1988) [1.7] gibt u. a. einen Mittelwert aus Werten tangential und radial zum Jahrring bzw. zur Zuwachszone an:

Rechenwert der Schwind- und Quellmaße für europäische Nadelhölzer: 0,24 %.

Bei der Feststellung des Wertes, der ggf. auch den Schalungsbelangen zugrunde gelegt werden kann, ist man seinerzeit davon ausgegangen, dass sich die gesamte Dimensionsveränderung gleichmäßig auf den vollen Feuchtebereich bis zur Fasersättigung aufteilt.

Bei diesen Werten handelt es sich um sog. „freie" Tendenzen. Im Falle von Verbundkonstruktionen, z. B. bei Stab-Sperrholz mit massiven Mittellagestäben darf nach DIN 1052-1 [1.7] mit den halben Werten gerechnet werden. Trotzdem bleibt die Relation erhalten.

Bei Brettschalungen jedenfalls ist leicht zu ermitteln, dass bei intensivem Feuchtigkeitsgefälle oder bei Steigung, also starken Differenzen von, sagen wir 10 %, eine Maßveränderung eintreten kann, die z. B. auf 10 cm Breite, sprich 100 mm, um ca. 2-3 mm beträgt und bei unterschiedlicher Flächeneinwirkung und entsprechend des individuellen Jahresringverlaufes zu beachtlichen Verzugserscheinungen und Undichtigkeiten führen kann.

Ein Grund mehr, sich darum zu bemühen, Massivholzschalungen mit praxisbezogener, also mittlerer Eigenfeuchte zu montieren, damit das „Arbeiten“ der Schalbretter auf vertretbare und der Spundung angepasste Dimensionen beschränkt bleibt.

Im Zusammenhang mit Holzwerkstoffen kann der Praktiker davon ausgehen, dass als Anhaltspunkt für das spezifische „Arbeiten“ innerhalb der Schalungsplattenebenen je % Feuchtigkeitsdifferenz der Werte von 0,02 % sowohl für Spanplatten als auch für Sperrholz, sprich Furnier- und Stab-Sperrholz gelten kann.

Anders bei den Dickenquellungen, die z. B. – je nach Gefügeaufbau – bei den Spanplatten, bezogen auf die Nenndicke von ca. 22 mm und extremen Witterungsbedingungen, bis zu 10 % und ggf. mehr betragen kann, was sich logischerweise besonders im Kantenbereich bemerkbar macht.

Auch Stab- und Furnier-Sperrholz verändert bei Feuchtigkeitsgegensätzen u. U. seine Dickendimensionen mit Werten bis zu 5 %, bezogen auf die Ebenflächigkeit.

Bei Stab-Sperrholz sind es die massiven Mittellageleisten und deren Jahresringverlauf bzw. deren Breiten, die sich mit ihren intensiveren Bewegungstendenzen nachteilig auf die Oberfläche auswirken können, wobei zur Entlastung des Materials darauf hingewiesen werden muss, dass die Ebenflächigkeitsabweichungen allgemein im Bereich der zulässigen Toleranzwerte der DIN 18 202 [1.21] bleiben.

Bei hochwertigen Innenausbauflächen aber bedeuten derartige Maßveränderungen u. U. eine anwendungstechnische Einschränkung gegenüber den Nachfolgegewerken.

Entsprechende Alternativen – entweder mit jahresringausgerichteten Mittellagestäben oder als Stäbchen-Sperrholz mit senkrecht verlaufenden Furniermittellagen – gewährleisten hier eine zweckdienliche Leistungssteigerung.

Bei Furniersperrholz beschränken sich die Quellerscheinungen allgemein auf die Kantenbereiche und die Hersteller sind werkseitig bemüht, dieser Tendenz über entsprechende Kantenversiegelungen zu begegnen. Das gilt baustellenseitig für offene Schnittkanten, die nachzubehandeln sind.

Vom Schalungsverarbeiter wird erwartet und, praxisbezogen, verlangt, dass ihm diese physikalischen Grundregeln bekannt sind und er sie bei der Handhabung seiner Schalung, für deren Zweckmäßigkeit er verantwortlich zeichnet, objektentsprechend berücksichtigt.

Sperrholztechnologische Einzelheiten sind den Typenbeschreibungen zu entnehmen.

3.1.2 Sägeraue Bretter

3.1.2.1 Allgemeines

Das sägeraue Schalungsbrett hat neben seiner saugenden Beschaffenheit, im Vergleich zur sog. „Hobelschalung" mit seiner glatten Fläche, eine raue, stark strukturierte Oberfläche und bietet gegenüber dem zunächst flüssigen Beton und insbesondere dem meist dünnflüssigen Zementleim einen erhöhten Rauigkeitseffekt. Diese Eigenschaft trägt u. a. dazu bei, dass überschüssige Zugabewassermengen im Oberflächenbereich in die poröse Schalung abwandern können, d. h. sie verhindert bei Sichtbeton Absandungen, Schleppwassereffekte u. ä. m.

Mit der Einplanung der „rechten" Seite des Brettes zum Beton ergibt sich eine zusätzliche Vorsorge gegenüber Absandungen, Nestbildungen und Betongraten, dem mit der betonseitigen Feuchtigkeitsaufnahme eine Konvexbildung der einzelnen Bretter folgt, die mit der Dimensionszunahme einen verstärkten Kantendruck gegenüber dem Beton und damit eine intensivere Abdichtung der Brettfugen auslöst. Die Schalung wird dicht.

Wählt der Verarbeiter zusätzlich eine zweckdienliche Spundung – darunter kann man nur die sog. **untergefügte** Keilspundung verstehen (siehe Abschnitt 3.1.1.1 „Spundung") – so wird evtl. auslaufende Zementschlämme in der Dreikantnut festgehalten und stellt im erhärteten Zustand für folgende Einsätze eine zusätzliche Dichtung dar.

Die Reproduktion einer material- und fachgerecht erstellten Sichtbetonschalung aus sägerauen Brettern gibt auch heute noch die Gewähr ansprechender Struktur und einheitlichen, wenn auch im Vergleich zu glatten, vor allen Dingen nicht saugenden Schalungen hellen Betonflächen, dunkleren Grauton.

Ergänzt wird dieser Effekt durch den Brettraster.

Grundsätzlich sind Brettschalungen aller Art für Sichtbetonzwecke gespundet einzusetzen (siehe Abschnitt 3.1.1.1 „Spundungen"), wobei es Aufgabe des Arbeitsvorbereiters bzw. der Baustelle ist, die zweckdienliche konstruktive Lösung zu finden.

Individuelle Forderungen der Planverfasser setzen diesbez. voraus, dass die Verantwortung für das Ergebnis vom Auftraggeber getragen wird.

Sägeraue Brettschalungen, die aus wirtschaftlichen Gründen, also mit Rücksicht auf vielfache Verwendung, oberflächenversiegelt werden, verlieren ihre funktionell saugende Eigenschaft und sind somit ggf. oberflächenmäßig in die Gattung der nicht saugenden Schalung einzureihen. Die reproduzierte Betonfläche wird heller ausfallen und infolge vermindernden Rauigkeitsgrad ergeben sich u. U. Ansätze der o. g. Oberflächenmängel (Versandungen, Schleppwassereffekte usw.).

3.1.2.2 Trennmittelbehandlungen

Trennmittelbehandlungen müssen sich der Schalung anpassen. Bei saugenden Schalungen, und dazu gehört vor allen Dingen die sägeraue Brettschalung, sind Öl-in-Wasser-Emulsionen empfehlenswert, sofern der Verarbeiter darauf achtet, frische Bretter vor dem ersten Einsatz gegenüber Holzzucker zu neutralisieren, d. h. künstlich zu altern (Behandlung durch Zement- oder Kalkmilch, die vor der Verwendung wieder entfernt wird).

Um für alle Verwendungen sägerauer Brettschalung die Saugfähigkeit angenähert gleich zu erhalten – der erste Einsatz führt sonst zu einer dunkleren Betonfläche – ist es zur ersten Porenabdichtung zweckmäßig, zu Beginn ein farbloses Mineralöltrennmittel einzusetzen, um dann, wie gesagt, einer Öl-in-Wasser-Emulsion den Vorzug zu geben.

Saugende Schalungen – insbesondere Bretter – können bei extremer Witterung austrocknen. In diesem Zustand chemisch wirkende, also hydratationsstörende Trennmittel aufzubringen, kann zu oberflächenbeeinträchtigenden Vermehlungen führen.

Mit anderen Worten ist unbedingt darauf zu achten, dass Brettschalungen mit dem Einsatz eine ausgeglichene Eigenfeuchtigkeit aufweisen.

3.1.2.3 Einsatzempfehlungen und -häufigkeit

Einsatzempfehlungen für sägeraue Brettschalungen gelten derzeit vorrangig dem Sichtbeton, besonders im Tiefbau, also z. B. bei Brücken. Der Tatbestand, dass Brettschalungen, sofern sie einzeln verarbeitet werden, lohnaufwendig und zudem ihre Lebensdauer, also ihre Einsatzhäufigkeit begrenzt sind, setzt eine zweifelsfreie Leistungsbeschreibung voraus, als Basis einer vergleichbaren Angebotsabgabe. Bretter sind gewachsenes Holz, weisen also von Schalung zu Schalung strukturelle Unterschiede auf, die sich auch in der Feuchtigkeitsaufnahme und damit schalungstechnisch sowohl in geringen Dimensionsveränderungen als auch in partiellen Grautondifferenzen bemerkbar machen. Der Planverfasser muss das entwurfsseitig berücksichtigen.

Um Brettschalungen wirtschaftlicher verarbeiten zu können, bietet der Handel bereits Brettschalungs-Elemente unterschiedlicher Abmessungen, mit oder ohne Oberflächenvergütung, an.

Durchschnittliche Einsatzhäufigkeit einer sägerauen Brettschalung liegt, je nach materialgerechter Trennmittelbehandlung und ordnungsgemäßer Reinigung, bei 4 bis 5 Verwendungen.

Bei Kunstharz-Oberflächenvergütung, je nach Material und Intensität, bis 10 Einsätze, ggf. auch mehr.

3.1.2.4 Dimension und Grundpreis

Dimensionen von Schalungsbrettern sind wie folgt:

Schmalware: 10 bis 14 cm Breite; 3,0 bis ca. 5,0 m Länge; Dicke 24 mm

Breitware: 15 bis 18 cm Breite; 3,0 bis ca. 5,0 m Länge; Dicke 24 mm.

Sonderlängen bedürfen detaillierter Bestellung mit entsprechendem Preisaufschlag.

Angenäherter Grundpreis je m² ca. 5 €*).

3.1.2.5 Empfohlener Feuchtigkeitsgrad zur Verarbeitung

Der empfohlene Feuchtigkeitsgrad zur Verarbeitung beträgt 15 bis 16 %. Unter dieser Gegebenheit ist die Gewähr einer geringen Dimensionszunahme während des Einsatzes und damit – bei ordnungsgemäßer Spundung – die kraftschlüssige Verbindung im Sinne einer optimal dichten Brettschalung zugesichert.

Bei dem Einsatz industriell vormontierter Brettschalungseinheiten sollte die Baustelle die Eigenfeuchtigkeit im Rahmen der Montage prüfen, da bei mangelhafter Abstimmung der Einzelbretter gegenüber den Elementen unterschiedliche Fugen das Gesamtbild zu beeinträchtigen vermögen.

Letztlich muss man davon ausgehen, dass bei Massivholz eine Dimensionsveränderung von 0,2 bis 0,3 % je Prozent Feuchtigkeitsabnahme für eine Brettbreite von 10 cm und einer Feuchtigkeitsdifferenz von 10 % eine Schwindung von 2 bis 3 mm bedeutet, die optisch unterzubringen ist.

Die Gefahr von Mängelerscheinungen – Versandungen usw. – ist dann im Bereich der Element-Konstruktionsfuge auch bei material- und fachgerechter Spundung nicht ganz auszuschließen.

Das bedeutet im Zusammenhang mit extremen Trockenheitsperioden, z. B. im Hochsommer aber auch bei „Lufttrocknungsstapeln", d. h. dann, wenn die einzelnen Brettlagen auf der Baustelle mit Lattenabstand gestapelt sind, mit der Gefahr intensiver Austrocknung bzw. im umgekehrten Fall der Feuchtigkeitssättigung, dass spätere Mängelrügen provoziert werden können.

3.1.2.6 Qualitätsanforderungen

Für Qualitätsanforderungen im Zusammenhang mit Schnittholz, also im Falle bestimmter Strukturwünsche bei Sichtbeton o. a., gelten die sog. „Tegernseer Gebräuche". Ihnen sind alle Individualitäten bez. Güteklassen zu entnehmen.

---

*) Dieser brettbezogene Grundpreis gilt als Richtwert für alle anderen Typen im Sinne eines Multiplikators.

3.1.3 Gehobelte Bretter

3.1.3.1 Allgemeines

Hobelbretter stellen, nach Ansicht der Autoren, einen schalungstechnischen Kompromiss dar, der fachlich nicht zu vertreten ist.

Die Begründung ist einfach: In dem Sinne, in dem das Hobelbrett über Jahrzehnte gedient hat, stehen der Verwendung mit dem hohen Verarbeitungslohnaufwand wirtschaftliche Argumente gegenüber.

Optisch ist das Hobelbrett „nichts Halbes und nichts Ganzes". Mit anderen Worten bietet es eine mehr oder minder ausdruckslose „flache" Struktur als Sichtbeton und beinhaltet zudem verarbeitungstechnisch mit seinem relativ geringen Rauigkeitskoeffizienten die Gefahr von Schleppwasserbildungen, Sedimentationen und damit partiellen Grautondifferenzen.

Desgleichen muss man beim Hobelbrett als saugende Schalung mit Holzzuckerauswirkungen, Vermehlungserscheinungen bei chemischen Trennmitteln u. a. rechnen, sofern keine entsprechenden Gegenmaßnahmen vorgeschaltet wurden.

Wer also den gestalterischen Effekt einer Hobelschalung sucht – als Sichtbeton ist das letztlich Ansichtssache und Geschmack ist nun einmal nicht normbar – der ist aus wirtschaftlichen Gründen besser beraten, eine Dreischichtenplatte im Standard- oder Großformat zu verwenden (siehe 3-S-Platten).

Das gleiche gilt für den technischen Bereich.

Heute finden Holzschalungen v. a. im Brückenbau Verwendung, aber auch in solchen Architekturflächen, in denen die Fugenteilung ein gestaltprägendes Element darstellt.

3.1.3.2 Trennmittelbehandlungen

Trennmittelbehandlungen gelten im Sinne sägerauer Brettschalung, es werden Emulsionen bzw. chemisch reagierende Mittel verwendet.

3.1.3.3 Einsatzempfehlungen und -häufigkeit

Einsatzempfehlungen sind fachlich nicht gegeben.

Durchschnittliche Einsatzhäufigkeit bei materialgerechter Trennmittelbehandlung, Reinigung usw. 6 bis 10 Verwendungen, im Zusammenhang mit Oberflächen-Kunstharzvergütung, je nach Material und Intensität bis 20, ggf. mehr.

3.1.3.4 Dimensionen und Grundpreis

Dimensionen entsprechen dem Abschnitt „sägeraues Brett", Dicke 21/22 mm. Angenäherter Grundpreis: Multiplikator 1,1 bis 1,25, bezogen auf „sägeraue Bretter".

3.1.3.5 Empfohlener Feuchtigkeitsgrad zur Verarbeitung

15 bis 16 %

3.1.3.6 Qualitätsanforderungen

gem. „Tegernseer Gebräuche"

3.1.4 Mechanisch vorbehandelte Bretter (strukturiert)

3.1.4.1 Allgemeines

Gegenüber der sägerauen Schalung mit ihrem starken Feuchtigkeitseinfluss und beschränkter Verwendungshäufigkeit ist diese Brettschalungsart prädestiniert für gestaltete Betonflächen (Struktur-Sichtbeton).

Das Massivholz erfährt bereits im Werk eine Vorbehandlung – und ggf. eine Imprägnierung oder Versiegelung – mittels Abflammen, Sandstrahlen oder Bürsten, bei der es darum geht, die weichen Holzanteile (im Sommer gewachsen) zu beseitigen.

Mittels dieses Verfahrens erhält das Brett eine „dritte Oberflächendimension", ist also betont holzstrukturiert und leistet, besonders bei gleichzeitiger Oberflächen-Kunstharzvergütung, im Sinne optimaler Wirtschaftlichkeit eine Vielzahl von Einsätzen angenähert gleicher Reproduktionsqualität.

Im rohen, d. h. vergüteten Zustand ist die Saugfähigkeit der Schalung unbedeutend, der Rauigkeitseffekt aber – im Vergleich z. B. zu Kunstharzmatrizen oder kunstharzbewehrten (dazu gehören u. a. auch Synthesen aus Sperrholz/Kunstharz bzw. Schichtstoffplatten), auch zur gleichen Schalung mit Kunstharzoberfläche, die dann praktisch in die Gattung der nicht saugenden Schalungen fällt – intensiv genug, um Absandungen, Schleppwassereffekte, Sedimentation u. a. m. weitgehend auszuklammern. Mit anderen Worten ist mit dieser Schalung ein architektonisch wirkungsvoller und optisch einheitlicher Sichtbeton gesichert, sofern auch Wert auf eine materialgerechte Spundung gelegt wird. Hier kann es sich – bei zweckdienlicher Eigenfeuchte zum Zeitpunkt der Montage – nur um „untergefügte Keilspundung", u. U. auch um Nut-Feder-Spundung handeln.

3.1.4.2 Trennmittelbehandlungen

Trennmittelbehandlung sollte auf der Basis farblosen Mineralöls oder ggf. chemischer Trennmittel erfolgen – letzteres aber unter Berücksichtigung zweckdienlicher Eigenfeuchte und sparsamen, gleichmäßigen Auftrages.

3.1.4.3 Einsatzempfehlungen und -häufigkeit

Einsatzempfehlungen

Eine ideale, sowohl gestaltungsseitig als auch betontechnologisch uneingeschränkt zu empfehlende Sichtbetonschalung, besonders im Zusammenhang mit großflächigen Ausführungen, z. B. im Brückenbau.

Durchschnittliche Einsatzhäufigkeit

Ca. 20 Verwendungen und, je nach Oberflächenvergütung mehr, bis 30 sind jederzeit möglich.

Es kann davon ausgegangen werden, dass die einsatztechnische Wirtschaftlichkeit den reinen Kunststoff-Alternativen gegenüber gleichgestellt werden kann.

Im Gegensatz muss man u. U. damit rechnen, dass Matrizen im Laufe der Wiederverwendung an Konturenschärfe verlieren, ganz abgesehen von der Materialflexibilität, die ggf., d. h. bei nicht ausreichender Kraftschlüssigkeit gegenüber dem Träger, zu Sedimentationen führen kann.

Gleicherweise ist es bei starren Kunststoffoberflächen nicht ausgeschlossen, dass hier der geringe Rauigkeitskoeffizient trotz der Struktur – zu Schleppwassereffekten und bei unzulänglichen Konstruktionsfugen der meist großflächigen Einheiten zu Absandungen im Fugenbereich führen kann.

Bretter sind in der Ebene dimensionsanpassender als Plattenschalungen.

3.1.4.4 Dimensionen und Grundpreis

Dimensionen

Die Dimensionen liegen bei 1,00 x 6,00 m, auf Anfrage sind z. T. auch Breiten bis zu 2,00 m lieferbar. Brettstrukturplatten haben eine Dicke von 21 mm.

Angenäherter Grundpreis

Im rohen Zustand beträgt der Multiplikator ca. 3,0, je nach Versiegelung bzw. Vergütung bis 5,0. Es ist zweckmäßig, sich detailliert mit dem Hersteller bzw. Lieferanten, objektbezogen abzustimmen.

3.1.4.5 Empfohlener Feuchtigkeitsgrad zur Verarbeitung

16 bis 18 %

3.1.4.6 Qualitätsanforderungen

Qualitätsanforderungen gem. „Tegernseer Gebräuche“, wobei davon ausgegangen werden muss, dass mit der mechanischen Vorbehandlung die Forderung nach hochwertiger Brettware im Sinne der Dauerhaftigkeit bzw. Einsatzhäufigkeit gerechtfertigt ist.

3.2 Weich- und Hartfaserplatten (letztere normal und ölgehärtet)

3.2.1 Allgemeines

Weichfaserplatten

Aufgrund ihrer porösen Struktur als „Einmal-“ bzw. „Verlorene Schalung“ mit Dämmfunktion verwendbar. Sie entziehen dem Beton Oberflächen-Zugabewasser, vermindern somit deren „Vermehlung“, können aber auch Anlass zum „Verdursten“ sein. Schlechter Biegezugwiderstand, somit keine statischen Funktionen, demzufolge mit Sparschalung einzusetzen. Als Betonschalung eine Platte mit geringer Bedeutung.

Einfache, normale Hartfaserplatte

Neigt durch Wasseraufnahme zur Oberflächenwellung und spielt als Plattenschalung keine Rolle, es sei denn, als „verlorenes“ Material für einen Einsatz. Mit Erfolg finden Platten dieser Art „verlorene“ Anwendung im Zusammenhang mit Rippendecken.

Ölgehärtete Hartfaserplatten

Aufgabenstellung ähnlich der einfachen Ausführung, ggf. für mehrere, untergeordnete Verwendungen geeignet. Wenn auch geringere Feuchtigkeitsaufnahme, so doch Tendenz zur Wellung infolge Dimensionsvergrößerung. Daher vorzeitige Rückseitenwässerung.

Für Sichtbeton, also Betonflächen mit gestalterischen Anforderungen nicht oder nur bedingt geeignet, da infolge partieller Feuchtigkeitsaufnahme Tendenz zur Fleckenbildung bzw. Grautonschattierung gegeben. Eine Betonschalung mit zweitrangiger Bedeutung.

Hartfaserplatten sind Schalungen, die sowohl im Erdbereich als auch bei kleineren Hochbauten untergeordnet Verwendung finden können.

Ölgehärtete Hartfaserplatten sind ggf. als billiges Zuschnittmaterial bei Vorsatzschalungen, insbesondere bei gewölbten Betonflächen, ohne optische Ansprüche einzusetzen.

3.2.2 Trennmittelbehandlungen

Trennmittelbehandlung sollte mittels farblosem Mineralölerzeugnis erfolgen. Entsprechend der unterschiedlichen Saugfähigkeit dieser Materialien sind partielle Fleckenbildungen, also z. T. starke Grautonschattierungen zu erwarten. Auftrag sparsam und gleichmäßig.

3.2.3 Einsatzempfehlungen und -häufigkeit

Einsatzempfehlungen

Gem. DIN 18 217 [1.25] für Betonflächen ohne Anforderungen bzw. als „Verlorene Schalung".

Durchschnittliche Einsatzhäufigkeit

Weich- und einfache Hartfaserplatte .... einmal

Ölgehärtete Hartfaserplatte .... drei bis fünfmal

3.2.4 Dimensionen und Grundpreis

Dimensionen

Großflächenmaß 550/520 x 200 cm mit entsprechenden Untermaßen.

Gebräuchliche Dicke 4 mm, aber auch 6 und 8 mm u. a. möglich.

Angenährter Grundpreis

Für die 4-mm-Platte ergibt sich ein Multiplikationsfaktor roh von ca. 0,4.

Vergütet, d. h. ölgehärtet von ca. 0,7, fabrikatabhängig.

3.2.5 Empfohlener Feuchtigkeitsgrad zur Verarbeitung

Bei ölgehärteten Platten ausreichende Rückseitenbewässerung. Beim Einsatz etwa 18 bis 20 % Eigenfeuchte.

3.2.6 Qualitätsanforderungen

Keine gezielten Ansprüche, Einsatzrisiko geht zu Lasten des Verarbeiters.

3.3 Spanplatten

3.3.1 Allgemeines

Holzspanplatten für Schalungszwecke sollten grundsätzlich dem Normtyp V 100 nach DIN EN 13 986 (ehem. DIN 68 763) [1.19] entsprechen.

Abb. 3.3 – 1 Balkon-Fertigteile: Schalung

Entsprechend dem Aufbau unterscheidet der Fachmann 3- und 5-fache Spanplatten, wobei die Deckschichten mit einem höheren Bindemittelgehalt aus feineren Spänen und mit stärkerer Verdichtung gegenüber den gröberen Mittelschichten hergestellt werden und zwar im sog. Flachpressverfahren.

Gleichfalls im Flachpressverfahren, doch generell 3-fach und mit den größeren Spänen im Deckbereich, orientiert in der Längsrichtung erstellte Spanplatten zeichnen sich, im Vergleich zum Normalaufbau, durch höhere statische Leistung aus. Von Ausnahmen abgesehen, werden Spanplatten-Betonschalungen als selbsttragendes Material eingesetzt.

Ihr Einsatz erfolgt meist aus wirtschaftlichen Gründen bei Objekten, deren Planung eine geringere Verwendungshäufigkeit der Schalung ergibt, ggf. auch technisch bedingt.

Unter Berücksichtigung der im Vergleich zum Sperrholz – auch bei Flachspanplatten – geringeren statischen Werte, sind die lichten Unterstützungsweiten „auf der sicheren Seite“ einzuplanen.

Auch ist zu berücksichtigen, dass Spanplatten von Hause aus bruchempfindlich sind.

Aus diesem Grunde kann es sich bei kranabhängigen Elementschalungen als zweckdienlich erweisen, die Stoßkanten durch Brett- oder Sperrholzstreifen zu schützen. Es empfiehlt sich, Erzeugnisse von Herstellern zu wählen, die nachweislich auf dem Gebiet der Betonschalungsherstellung Erfahrung besitzen.

Spanplatten-Betonschalungen werden mit roher, beharzter und filmvergüteter Oberfläche angeboten.

Spanplatten finden vereinzelt Anwendung im Wandbereich, wenn nach sog. „saugenden Schalhäuten" gefragt wird. Häufig begrenzt sich dies auf den Einsatz im Wasserbau, z. B. Kläranlagen und Trinkwasserbehälter mit technischen Anforderungen an die Betonoberfläche.

Entsprechend ihren Oberflächen und Strukturen ergibt sich die generell – im Vergleich zur Sperrholzschalung – höher einzustufende Feuchtigkeitsaufnahme, mit der gleichzeitigen Feststellung, wonach Spanplatten im Gewicht ca. 20 und mehr Prozent schwerer sind und 21/22-mm-Platten im nassen Zustand bis zu 20 kg/m^2 wiegen können.

Strukturierte, insbesondere beharzte Spanplattenschalungen haben den anwendungstechnischen Vorteil, „griffige" Betonflächen mit zwar dunklerem aber einheitlichem Betoneffekt zu erstellen.

Platten-Typen:

Abb. 3.3 – 2: Spanplatte 3-schichtig gestreut, filmbeschichtet

Abb. 3.3 – 3: Spanplatte, hochverdichtet, 5-schichtig gestreut

Filmvergütete Spanplatten bieten, sieht man von der eingeschränkten Einsatzhäufigkeit und den konstruktiven Konsequenzen des Unterbaus ab, gegenüber Sperrholzschalungen durchaus gleichwertige Betonflächenergebnisse.

3.3.2 Trennmittelbehandlungen

Die unterschiedlichen Oberflächen der Spanplattenschalungen verlangen eine individuelle Trennmittelanpassung, d. h. rohe Platte – im untergeordneten Einsatzbereich – rechtfertigen eine einfache Mineralölbehandlung, u. U. sogar den Einsatz einer Öl-in-Wasser-Emulsion.

Beharzte Spanplatten sollten grundsätzlich nur mit farblosem Mineralöl-Trennmittel, unter Berücksichtigung der Eigenfeuchtigkeit, behandelt werden.

Bei befilmten Platten, insbesondere im Zusammenhang mit Großflächenelementen, kann die Verwendung physiko-chemischen Materials bei gleichmäßiger und sparsamer Dosierung zweckdienlich sein.

Hier entscheidet letztlich die praktische Erfahrung des Unternehmers.

3.3.3 Einsatzempfehlungen und -häufigkeit

Einsatzempfehlungen

Die Platten sind für geringe Einsatzzahlen im Wandbereich für Betonoberflächen mit technischen Anforderungen sowie als Beischalung geeignet.

Zu beachten ist die Quelltendenz der Spanplatten – auch der filmvergüteten Ausführung – die zu einer Dickensteigerung bis zu 20 % und ggf. noch mehr führen kann und damit – gegenüber evtl. „Nagelwarzen" – die Notwendigkeit des Einsatzes „erhabener" Nagel-, Schraubnägel- oder Schraubköpfe ergibt.

Nur so ist – im Vergleich zum bündigen Nagelkopf – zu vermeiden, dass sich mit der Plattenquellung Betonwarzen und damit später aufwendige Nacharbeiten ergeben.

Wie bereits erwähnt, ist es bei großflächigen, kranabhängigen Elementschalungen mit Spanplattenhaut zweckdienlich, die Stoßkanten, insbesondere den unteren Aufsatzbereich, durch ein Einlagebrett oder eine Sperrholzleiste, die nach Belieben ausgewechselt werden können, gegen mechanische Zerstörung zu schützen. Einsatzmäßig ist – ggf. durch Labor-Versuche – darauf zu achten, dass Spanplattenschalungen unbedingt alkaliresistent sind und den Bedingungen des Absatzes 5.7 DIN 68 791 [1.53] und 68 792 [1.54] entsprechen.

Durchschnittliche Einsatzhäufigkeit

Bei einer beharzten/befilmten Oberfläche 7-12 Verwendungen.

3.3.4 Dimensionen und Grundpreis

Dimensionen

Die Dicke von ca. 21 mm und die Quelltendenz dieses Platten-Typs lässt die einsatzmäßige Kombination mit Sperrholzschalungen innerhalb gleicher Ebenen fragwürdig erscheinen.

Formate unterschiedlich, z. B. 410 x 185/207 cm, je nach Hersteller.

Bei Schnittkanten ist ein erneuter Kantenschutz empfehlenswert.

Angenäherter Grundpreis

Multiplikator, je nach Oberflächenbeschaffenheit 1,5 bis 2,5.

3.3.5 Empfohlener Feuchtigkeitsgrad zur Verarbeitung

Mit Rücksicht auf die starke Quelltendenz ca. 18 bis 20 %.

3.3.6 Qualitätsanforderungen

Die anwendungstechnischen Verbindlichkeiten gegenüber der zu erstellenden Betonfläche entsprechen sinngemäß dem Absatz 5.7 der beiden Sperrholzschalungs-Normen 68 791 [1.53] und 68 792 [1.54].

Bezüglich der, im Vergleich zum Sperrholz, größeren Maßtoleranzen ist es grundsätzlich ratsam, Spanplatteneinsätze nur mit Erzeugnissen gleicher Fabrikate auszuführen und Kombinationen mit anderen Platten-Typen zu vermeiden.

Die möglichen Dickenabweichungen können im Widerspruch zur Toleranz-Norm der Betonflächen (DIN 18 202 [1.21]) stehen und berechtigte Mängelrügen nach sich ziehen.

3.4 Dreischichten-Platten

3.4.1 Allgemeines

Dreischichten-Betonschalungsplatten, kurz gesagt 3-S-Platten unterliegen, sofern sie normgerecht sind, DIN 18 215 „Schalungsplatten aus Holz für Beton- und Stahlbetonbauten", Abs. 2.1.1.2.1 [1.23].

Sie bestehen aus drei Lagen durchgehender Bretter. Die äußeren Lagen sind gleich dick. Die mittlere Lage darf nicht dicker sein als jede der beiden äußeren Lagen.

Siehe Abb. 3.4 – 2.

Dabei gibt es ausführungstechnisch und gleicherweise einsatzmäßig unterschiedlich drei Varianten:

a) standardisierte Plattenschalung im 50er Raster,
b) als großformatige Ausführung und
c) großformatig mit mechanisch vorbehandelter, betont strukturierter Oberfläche für Sichtbeton.

Abb. 3.4 – 1: Balkon-Fertigteile

3-S-Platten haben eine Reihe einsatztechnischer Vorzüge und bestätigen – für bestimmte Baubereiche – ihre besondere Eignung.

Als Plattenschalung (Pkt. a)) sind kran- und objektunabhängig, handlich in der Verwendung, leistungsfähig in statischer Hinsicht – ihre Werte liegen zwischen denen des Vollholzes und der Sperrholzplatten – und in den verschiedenen Raster-Formaten anpassungsfähig.

Konstruktiv stehen sie zwischen der althergebrachten Vollholzplatte und der hochwertigen Sperrholzschalung.

Bezüglich der Oberfläche entsprechen sowohl die Standardschalungen als auch die Großflächenschalung (Pkt. b)) einem Hobelbrett, meist imprägniert mittels Emulsion.

Sie sind saugfähig und tragen somit im Betonoberflächenbereich zu natürlichem Feuchtigkeitsausgleich bei.

Ihr Einsatzbereich ist nach wie vor universell im Hoch- und Tiefbau.

3-S-Platten als Großflächeneinheit werden oftmals im Tiefbau bevorzugt, da sie neben dem sichtbaren Brettcharakter hier formatbezogene Vorteile haben und den möglichen „offenen" Fugenbereich einfacher Brettschalungen mindern.

Zugleich sind sie wirtschaftlicher in der Verarbeitung und zeichnen sich wiederum durch gute statische Werte aus.

Als gestalterisches Schalungselement haben sich 3-S-Platten mit mechanisch vorbehandelter, also betonter Brett-Struktur-Oberfläche anwendungstechnisch gut eingeführt.

Auch hier ist es vorrangig der Tiefbau, besonders der Brückenbau (Widerlager), welcher bevorzugt wird.

Platten-Typen:

Abb. 3.4 – 2: Dreischichten-Platte, kunstharzbeschichtet

Abb. 3.4 – 3: Sperrholz-Platte, filmbeschichtet 11-schichtig

3.4.2 Trennmittelbehandlungen

Rohe 3-S-Platten für untergeordnete Zwecke können ggf. mit Öl-in-Wasser-Emulsion behandelt werden, insbesondere dann, wenn sie bei trockener Witterung saugfähig sind.

Imprägnierte Plattenschalungen im Standard- aber auch im Großformat sind zweckmäßigerweise mit Mineralöl-Trennmitteln vorzubehandeln.

Bei Einsatz mit physiko-chemischen, also hydratationsstörenden Entschalungsmitteln, ist unbedingt darauf zu achten, dass die 3-S-Schalung vorab über eine ausreichende Eigenfeuchte – ca. 16 bis 18 % - verfügt, da anderenfalls eine Trennmittelüberdimensionierung und sich daraus ergebende Oberflächenvermehlungen die Folge sein können.

Strukturierte Platten sollten sparsam und gleichmäßig sowohl mit Mineralöl – als auch mit physiko-chemischen Trennmitteln behandelt werden können.

Unter Umständen empfiehlt es sich hier, Schalwachse einzusetzen - im Sinne einer intensiv einzureibenden Haut um damit die Möglichkeit mehrerer Verwendungen ohne Nachbehandlung im wirtschaftlichen Sinne zu nutzen.

Der sich hierbei möglicherweise ergebene größere Porenanteil ordnet sich gestalterisch unter.

3.4.3 Einsatzempfehlungen und -häufigkeit

Einsatzempfehlungen

Dreischichtenplatten sind vom reproduzierenden Oberflächencharakter her gesehen Elementschalungen aus abgesperrten Hobelbrettern.

In diesem Sinne vertreten sie, entsprechend der DIN 18 331 [1.27] den Begriff der „glatten“ Betonfläche und sind demzufolge nach wie vor für technische funktionelle Flächen, z. B. bei Wohnhausdecken im Standardformat, bei Treppenhauseinheiten im Großformat, bei Industriebauten u. v. a. m, also universell, zu verwenden.

Besonders bei mittlerer Bauunternehmung mit festem Schalungsbestand für Wohnbauten wird die sog. „Plattenschalung“ wegen ihrer Vielseitigkeit bevorzugt.

Die 3-S-Platte hat heute die gleiche Bedeutung wie Jahre zuvor die Brettschalung, sie wird aufgrund ihrer guten Eigenschaften häufig verwendet.

Durchschnittliche Einsatzhäufigkeit

Bei Plattenschalungen kann man, je nach Behandlung, im Schnitt bis zu 40 Verwendungen erreichen. Großformatige, normale 3-S-Schalungen sollten zwischen 10 und 20 Einsätze überstehen.

3.4.4 Dimensionen und Grundpreis

Dimensionen

3-S-Platten sind im Format 1,00 x 6,00 m, auf Anfrage z. T. bis zu 2,00 m Breite lieferbar. Die Dicke beträgt i. a. 21 mm.

Angenäherter Grundpreis:

Multiplikationsfaktor für

Plattenschalungen	2,0 bis 3,0,	je nach Qualität und Fabrikat
Großformat, normal	3,0 bis 3,5	je nach Menge und
Großformat, struktur	4,0 bis 4,5	Handelspreis

Großformatige Struktur 3-S-Platten – mit gezieltem Sichtbetonergebnis – können mit ca. 10-20 Verwendungen veranschlagt werden, je nach Handhabung des Materials.

3.4.5 Empfohlener Feuchtigkeitsgrad zur Verarbeitung

Bei Standardplatten sollte man entsprechend dem ohnehin anfallenden konstruktiven Spielraum davon ausgehen können, dass die Eigenfeuchte mehr oder minder beliebig ist.

Sofern wir es aber mit kantenschutzbewehrtem Schalungsmaterial zu tun haben, empfiehlt es sich, die Platten mit etwa 18 % Feuchte einzusetzen.

Auch Großflächenschalungen sollten im Hinblick auf mögliche Schwindfugen, die bei der Länge von 5 m und dem sich ergebenden „Schwindmaß" zu Konstruktionsfugen bis zu 10 mm und daraus folgenden Versandungen führen können, lieber etwas trockener als zu nass in den Einsatz kommen.

Demzufolge erscheint eine Eigenfeuchte von ca. 16 % zweckdienlich. Das gilt gleichermaßen und besonders für strukturierte Sichtbeton-3-S-Plattenschalungen. Also auch hier eine Ausgangs- bzw. Montagefeuchtigkeit von ca. 16 %.

3.4.6 Qualitätsanforderungen

Sofern es dem Verarbeiter um eine statisch leistungsfähige 3-S-Platte geht – gleichgültig ob Standard- oder Großformat, technisch oder optisch funktionell, sollte man um eine normgerechte Platte bemüht sein, bei der lt. DIN 18 215 [1.23] die Mittellage etwa gleich der jeweiligen Decklage sein sollte.

Mit der Dickenminderung der beiden Decklagen nimmt auch die Biegezugleistung ab und man sollte sich bez. des dann anfallenden Mehraufwandes an Material und Arbeit gegenüber dem Unterbau nicht vom Angebotspreis täuschen lassen.

Dreischichten-Schalungen haben einen gleichbleibend guten Marktanteil und werden, sofern es sich um Standardplatten handelt, auch weiterhin für kleinere und mittlere Bauunternehmen von Interesse sein.

Die zul. Maßtoleranzen sind dem Abs. 3.2 Tab. 1 DIN 18 215 [1.23] zu entnehmen.

3.5 Sperrholz

Gemäß DIN 68 708 [1.51] versteht man unter Sperrholz Platten, die aus mindestens drei miteinander verleimten Lagen bestehen, deren Faserrichtung sich üblicherweise im rechten Winkel kreuzen.

Der Plattenaufbau ist allgemein nach Holzart und Dimension symmetrisch.

Siehe Abb. 3.4 – 3.

Bei der Bezeichnung einer Sperrholz-Betonschalung wird die durch den Verlauf des Deckfurniers gekennzeichnete Platten-Länge genannt.

Für den Betonschalungsbereich hat man es, in der Ergänzung zu DIN 18 215 [1.23], mit „Großflächenschalungen", also Platten von mehr als 3 m² zu tun und unterscheidet:

3.5.1 Stab-Sperrholz und Stäbchen-Sperrholz (gem. DIN 68 791 [1.53])

3.5.1.1 Allgemeines

Stab-Sperrholz-Platten sind Platten aus einem oder mehreren Furnieren – faserparallel oder mit gekreuztem Faserverlauf – je Seite und einer Mittellage aus nebeneinander liegenden Holzstäbchen, die in der Regel etwa 28 bis max. 30 mm breit sind (Fichte/Tanne).

Es handelt sich um „selbsttragende" Platten, die üblicherweise ca. 21 mm dick sind.

Die Skizzen hierzu sind auf der nächsten Seite zu sehen.

Sperrholz-Typen:

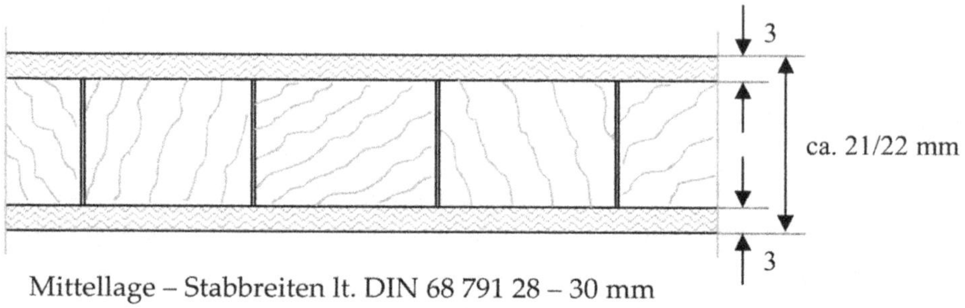

Skizze-Nr. 3.5 - 1: Stab-Sperrholz lt. DIN 68 791 [1.53]

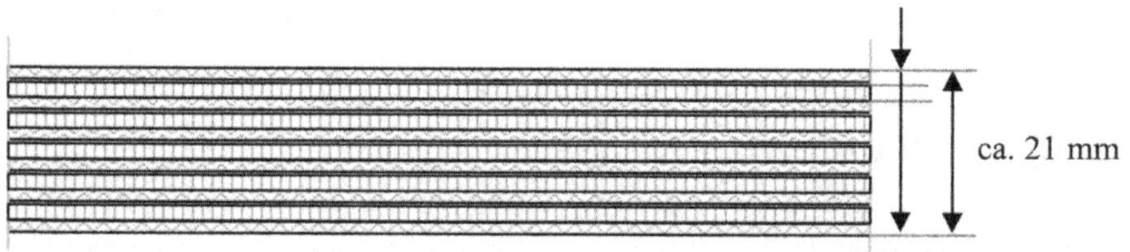

Skizze-Nr. 3.5 - 2: Furnier-Sperrholz lt. DIN 68 792 [1.54]/ selbsttragend

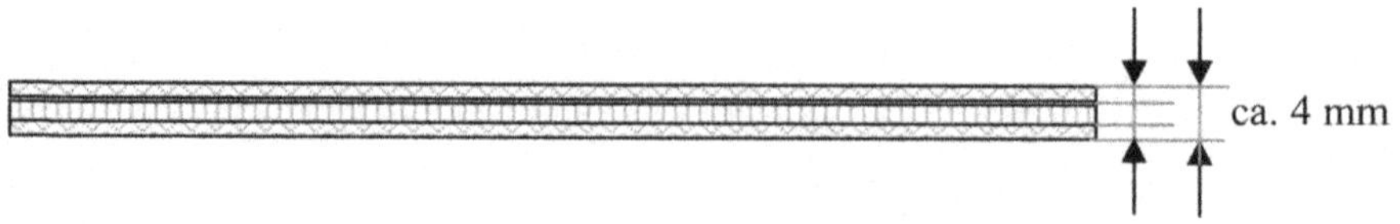

Skizze-Nr. 3.5 - 3: Furnier-Sperrholz lt. DIN 68 792 [1.54]/ Vorsatzschalung

Platten-Typen:

Abb. 3.5 – 4: Furniersperrholzplatte

Abb. 3.5 – 5: Flachpressplatte

Stäbchen-Sperrholz (DIN 68 791 [1.53]) entspricht im Grundkonzept der Skizze-Nr.: 3.5 – 1, wobei die Mittellagen aus senkrecht zur Plattenebene stehenden Holzstäben oder Furnierstreifen bestehen, die in der Regel bis zu 8 mm dick sind. Einzelheiten sind der DIN 68 791 [1.53] zu entnehmen.

Im Normalfall sind die Stab-Sperrholzplatten oberflächenvergütet, meist filmbeschichtet.

Im Gegensatz zu den einzelnen – aus Nadelholz bestehenden – Mittellagestäben, die nicht miteinander verleimt sein brauchen, sind die Furniere sowohl untereinander als auch gegenüber der Mittellage so zu verleimen, dass der Zusammenhalt bei jeder Witterung während der Gebrauchsdauer gesichert ist.

Evtl. Güteprüfung ist gem. DIN EN ISO 15 528 (ehem. DIN 53 225) [1.20] zu vollziehen.

Stab-Sperrholzplatten waren die Schrittmacher der Großflächenschalungen und machten erstmals fugenarme Einheiten im sog. Schottenbau und für den Bereich technisch funktioneller Betonflächen des Innenausbaus möglich.

Durch die Überschneidung zweier Ausführungsbereiche, nämlich einerseits den Roh- und ergänzend den Innenausbau oder, mit anderen Worten lt. DIN 18 202 [1.21] ergaben sich hier zunächst „nichtoberflächen-" und dort „oberflächenfertige" Einheiten mit unterschiedlichen, mehr oder minder schalungsabhängigen Toleranzzugeständnissen.

Mit dem Fortschritt sowohl der Herstellung als auch der konstruktiven Fakten der zeitgemäßen Sperrholzschalungen steigerten sich auch die Qualitäten der Sperrhölzer.

Ein Fortschritt im Bereich der Sperrholzschalungen sind 5-, 7- oder 9-schichtige Platten sowie v. a. die Furniersperrholzplatten, die auf dem Markt immer mehr an Bedeutung gewinnen.

Der Stab-Sperrholzbereich fand im Sinne hochwertiger Ebenflächigkeit einerseits die nach Jahresringverlauf weitgehendst ausgerichtete Mittellage und zum anderen die sog. Stäbchen-Sperrholzplatte.

Der Bereich der DIN 68 791 [1.53] gliederte sich somit in drei Gruppen auf, nämlich

a) **Stab-Sperrholzplatten**, deren Mittellagestäbe durch beliebig verlaufende Jahresringe gekennzeichnet werden, wobei auch Platten angeboten werden, deren Stab-Breite über 30 mm hinausgehen, die somit nicht normgerecht sind.

   Bei diesen Schalungen muss der Verarbeiter infolge unterschiedlichen Quellens der Mittellagestäbe mit geringen Oberflächenwellen und demzufolge entsprechender Unruhe, sprich Grautondifferenz, an den Betonflächen rechnen.

Der Vorteil dieser Schalung liegt – im Vergleich zur Furniersperrholzplatte – in etwas besseren Biegezugwerten und einem geringeren Eigenfeuchtigkeitsanfall bei nassem Wetter.

Die Ebenflächigkeitsabweichungen liegen, von evtl. Ausnahmen abgesehen, besonders bei sehr breiten Mittellagestäben innerhalb der für „oberflächenfertige" Betoneinheiten geltenden Norm DIN 18 202 Zeile 6 und ggf. Zeile 7 [1.21].

Trotzdem kann es bei optimalen Betonflächenforderungen – speziell des Innenausbaues, also vor allen Dingen für streich- und tapezierfertige Ausführungen im Zusammenhang mit Schalungen dieser Art zu berechtigten Mängelrügen kommen.

b) **Stab-Sperrholzplatten**, deren Mittellagestäbe – bei Breiten bis zu 28 mm – weitgehend ausgerichtete, allgemein senkrecht stehende, Jahresringe erkennen lassen und die infolge einer einheitlichen Ausdehnung eine übereinstimmende Ebenflächigkeit zusichern.

   Schalungsplatten dieser Qualität werden auch den Belangen der DIN 18 202 Zeile 7 [1.21] gerecht und ermöglichen u. U. eine Leistungssteigerung bez. der Ebenflächigkeit.

c) **Stäbchen-Sperrholzplatten** sind Platten, deren Mittellagen aus hochkant zur Plattenebene stehenden und miteinander verleimten Furnierstreifen (oder Holzstäben) von ca. 7 mm bzw. aus Stäben in Hartholzfurnier von ca. 3 mm Breite bestehen.

   Diese konstruktive Einheitlichkeit des Mittellageverlaufs gewährleistet ein Optimum an Ebenflächigkeit und demzufolge auch ein Höchstmaß an Betonflächenqualität, sofern der Beton selbst nach Material und Verarbeitung ein Gleiches bietet.

Die Verleimungs- und demzufolge Witterungsbeständigkeit, **über die Dauer des Einsatzes**, gilt für alle drei Plattenpositionen übereinstimmend.

Die Leistungsfähigkeit der Oberfläche, sprich Einsatzhäufigkeit, hängt weitestgehend – neben Qualität und Härte des Deckfurniers – von der Vergütung ab und ist, bez. der Befilmung, den Ausführungen des Kapitels 3.6.3 zu entnehmen.

Einer zusätzlichen Begriffserläuterung bedarf es im Zusammenhang mit Stab- und Stäbchen-Sperrholz dahingehend, dass ggf. zwischen 3-fachen und 5-schichtigen Platten unterschieden wird.

Bei einer 3-fach aufgebauten Stab- bzw. Stäbchen-Sperrholz-Betonschalung haben wir es mit **einem**, meist 2 bis 3 mm dicken, quer zur Mittellage verlaufenden Deckfurnier zu tun.

Eine 5-schichtige Platte dagegen weist ein sog. „Doppeldeck" auf, also zwei dünnere, meist je ca. 1,5 mm dicke, faserparallel verleimte Furniere, die natürlich in ihrer Gesamtheit wiederum quer zur Mittellage angeordnet sind.

Der konstruktive und damit einsatzmäßige Vorteil kann dahingehend argumentiert werden, dass zwei dünne, parallel verlaufende Furniere spannungsfreier sind, als ein dickeres. Diese Spannungsfreiheit überträgt sich, unter sonst gleichen Gegebenheiten, auf die Oberflächenvergütung und man hat es zusätzlich, im Sinne verminderter, zumindest aber langsameren und damit gleichmäßigeren Feuchtigkeitsaufnahme, mit einer weiteren Verleimungsschicht zu tun. Sicherlich ist es im Endeffekt Erfahrungssache eines jeden Unternehmers selbst, ob und in welcher Weise hier ein anwendungstechnischer Unterschied zu sehen ist.

Sicher aber ist, dass die konstruktive Ausgeglichenheit einer solchen Schalung, und dazu gehört u. a. die Mittellage, Einfluss auf das Oberflächenergebnis des Betons nehmen kann.

3.5.1.2 Trennmittelbehandlungen

Beharzte Stab-Sperrholzplatten erfahren zweckmäßigerweise eine Behandlung mit chemisch reagierenden Trennmitteln.

Generell kann man davon ausgehen, dass Platten dieser Art befilmt und vorrangig als Großflächenschalung, d. h. über 3 m², eingesetzt sind.

Demzufolge ist mit einem relativ starken Sog zwischen Beton- und Schalungsfläche zu rechnen.

Befilmte Stab-Sperrholzplatten werden mit Ölen, Wachsen/Pasten oder chemisch reagierenden Mitteln behandelt.

In jedem Fall ist der Auftrag sparsam und gleichmäßig, entsprechend der Richtlinien des Herstellers vorzunehmen.

3.5.1.3 Einsatzempfehlungen und -häufigkeit

Einsatzempfehlungen

Stab-Sperrholz-Großflächenschalungen erfahren ihre materialbezogenen Auflagen mit DIN 68 791 [1.53]. Diese sind verbindlich. Unter Berücksichtigung der o. a. qualitativen Differenzierung werden Stab- bzw. Stäbchen-Sperrholzplatten nur für untergeordnete Zwecke verwendet. Mehrschichtige Platten kommen dort zum Einsatz, wo die Ansichtsfläche weitestgehend fugenarm sein soll.

Zu beachten ist der konstruktive Aufbau dergestalt, dass die Biegezugfestigkeit vorrangig vom Dickenverhältnis des Deckfurniers (bei parallelverlaufenden Decks von der Summe beider Furniere) zur Mittellage abhängt und damit die statisch bevorzugte Einsatzrichtung bestimmt wird. Stab-Sperrholzschalungen mit einem Deck von etwa 3 mm Dicke – bei einer Nenndicke von 21/22 mm – gewährleisten annährend übereinstimmende Biegezugwerte in beiden Richtungen der Plattenebene.

Einzelheiten sind den Anwendungsrichtlinien der Hersteller zu entnehmen.

Stab- und Stäbchen-Sperrholzschalungen sind im Einsatz – von Ausnahmen abgesehen – meist systemunabhängig und finden ihre unmittelbare konstruktive Unterstützung z. B. durch Holz-Träger an Ort und Stelle.

Durchschnittliche Einsatzhäufigkeit

Ausgehend von der Voraussetzung, dass es sich um befilmte Schalung handelt, gelten die Hinweise im Kapitel 3.6.3.

3.5.1.4 Dimensionen und Grundpreis

Dimensionen

Die üblicherweise verwendete Dicke beträgt 21/22 mm im 3-fachen oder 5-schichtigen Aufbau.

Stäbchen-Sperrholz weist normal eine parallel verleimte Furnier-Mittellage auf, wird aber auch mit normalen Furnier-Plattenstreifen dreidimensional konzipiert. Ein auf die praktischen Belange bezogener, sichtbarer Unterschied gegenüber der Oberflächenqualität ist nicht gegeben.

Die Formate von Stab- und Stäbchen-Sperrholzplatten sind vielfältig – den Herstellerunterlagen zu entnehmen – und erreichen das größte Standardmaß mit 660 x 300 cm.

Angenäherter Grundpreis

Preise für Stab-Sperrholz entsprechen – je nach Fabrikat – einem Multiplikationsfaktor von 3,0 bis 4,0.

Stäbchen-Sperrholz entspricht einem MF von 3,5 bis 4,5. Sonderausführungen beider Typen können – desgleichen Fixmaße – kostenaufwendiger sein.

3.5.1.5 Empfohlener Feuchtigkeitsgrad zur Verarbeitung

Um die möglichen „Unruhen" der Oberflächen ermitteln zu können, empfiehlt es sich, die Platten feucht, d. h. mit etwa 18 bis 20 %, einzusetzen und mit einem Richtscheit die Ebenflächigkeit – quer zur Mittellage – zu testen.

3.5.1.6 Qualitätsanforderungen

Speziell der Arbeitsvorbereiter sollte sich – in Anlehnung an die Leistungsbeschreibung – besonders dann über die Qualität der von ihm gewählten Stab-Sperrholzplatte klar sein, wenn die Beton-Innenausbaufläche eindeutig beschrieben ist.

Ggf. kann es zweckdienlich sein, einer hochwertigeren, wenn auch etwas kostenaufwendigeren Platte den Vorzug zu geben, als mit einer „Wald- und Wiesenqualität" Flächen zu erstellen, die z. B. im Gegenlicht Grautonstreifen erkennen lassen und den Planverfasser oder gar den Nachfolgegewerker auf mögliche, z. T. nicht vermeidbare Ungleichmäßigkeiten aufmerksam zu machen, die dann in Millimeter nachgemessen werden, um ihrerseits größere Kosten zu verursachen.

Partielle Mängel lassen sich ggf. ohne großen Aufwand beseitigen. Flächige Unregelmäßigkeiten dagegen können kostenträchtig sein, zumal dann, wenn sich Arbeitsbereiche überschneiden.

Stäbchenplatten kommen oftmals aus kommerziellen Gründen nicht ins Geschäft, wenngleich sie bez. der erzielten Ebenflächigkeit kaum zu überbieten sind.

Hier geht es also darum, die anwendungstechnischen Gesichtspunkte zu analysieren, d. h. z. B. einer Stäbchenplatte mit gezielt stabiler Filmvergütung, großflächig zur Fertigteilerstellung größerer Serien, also im Werk einzusetzen.

Als Ortbetonschalung, ob im Zuschnitt oder im Rahmen eines Systems, erscheint diese Platte – die ohnehin über einen sehr geringen Marktanteil verfügt – zu aufwendig.

3.5.2 Furnier-Sperrholz (gem. DIN 68 792 [1.54])

3.5.2.1 Allgemeines

Furnier-Sperrholz besteht aus mindestens drei Furnierlagen – faserparallel oder mit gekreuztem Faserverlauf – die so miteinander verleimt sind, dass der Zusammenhalt bei jeder Witterung während der Gebrauchsdauer gesichert ist.

Grundsätzlich werden Furnier-Sperrholzplatten nach der Anzahl der Furniere, dem Aufbau, der Holzart, der Beschichtung und dem Format unterschieden.

Man unterscheidet, je nach Dicke der Platten und statischer Aufgabenstellung, Vorsatzschalungen in den Dicken 4 bis 12 mm und selbsttragende Schalungen in den Dicken 15 – 30 mm, in den Standardformaten 250 x 125 cm bis 1230 x 265 cm. Grundsätzlich kann man, praxisbezogen, davon ausgehen, dass Furnier-Sperrholz-Betonschalungen filmvergütet sind, wobei die Oberflächenleistung sowohl von der Härte des Deckfurniers als auch von der Filmbestückung abhängt – siehe Kapitel 3.6.3. Furnier-Sperrholzplatten sind nach Holzart und Dimension symmetrisch aufgebaut. Das aber schließt nicht aus – und verleiht der jeweiligen Platte ihre anwendungstechnische Individualität – dass z. B. der Plattenkern aus einer anderen Holzart besteht als die Deckfurniere oder von Furnierlage zu Furnierlage nach Dimension und Holzart gewechselt wird.

Diese Entscheidung ist allein Sache der Hersteller und kann, bez. der technischen Werte, von Bedeutung sein.

Hier gelten dann die innovativen Unterlagen der Hersteller.

Am Anfang war es die Vorsatzschalung, 4 mm dick, 3-fach aufgebaut, im Format 250 x 125 cm, welche mit Beginn der 50er Jahre – nach Jahrzehnten der Brettschalung – dem Betonbauen einen neuen Weg wies.

Als erste Sperrholzschalung brachte sie dem Planverfasser neue Anregungen im Sinne planeben-geschlossener Betonflächen und konzipierte den Begriff des **Sichtbetons**.

Als nicht selbsttragende Vorsatzschalung war sie statisch auf einen Träger angewiesen, zu dem, nach wie vor, meist als sog. Sparschalung, auf Abstand gelegte Bretter eingesetzt wurden.

Das statische Konzept war in diesem Sinne, bezogen auf den Massivholzunterbau, unverändert. Das verarbeitungsgemäße Konzept dagegen, nämlich die Handhabung zweier Schalungen, war unwirtschaftlich.

Es folgte logischerweise die selbsttragende, 21 mm dicke Furnier-Sperrholzplatte gleichen Formates.

Da die Biegezugwerte einer abgesperrten Platte, insbesondere einer Furnier-Sperrholzplatte mit der Anzahl ihrer Furnierlagen abnehmen, d. h. sie wird elastischer und das insbesondere unter Einfluss zunehmender Feuchtigkeit, veränderten sich die konstruktiven Gesichtspunkte. Ging man früher, zur Zeit der Massivholzschalung, von lichten Unterstützungsweiten – je nach Lastannahme – von 50 bis 60 cm aus, so verlangten Sperrholzschalungen – insbesondere in den Wandbereichen – 30 bis 40 cm und im Zuge des Innenausbaus und der hier mehr und mehr verschärften Toleranzforderungen bis zu 20 cm.

Dabei waren die formatbezogenen Dimensionsbeständigkeiten der Sperrholzschalungen und hier besonders der vielschichtigen Furnier-Sperrholzplatten von praktischem Nutzen.

Dieser Tatbestand, gepaart mit konstruktiv-wirtschaftlichen Überlegungen, führte zur Entwicklung von System-Schalungen, bei denen Furnier-Sperrholz – filmvergütet – als Hautplatte zum festen Bestandteil geworden ist.

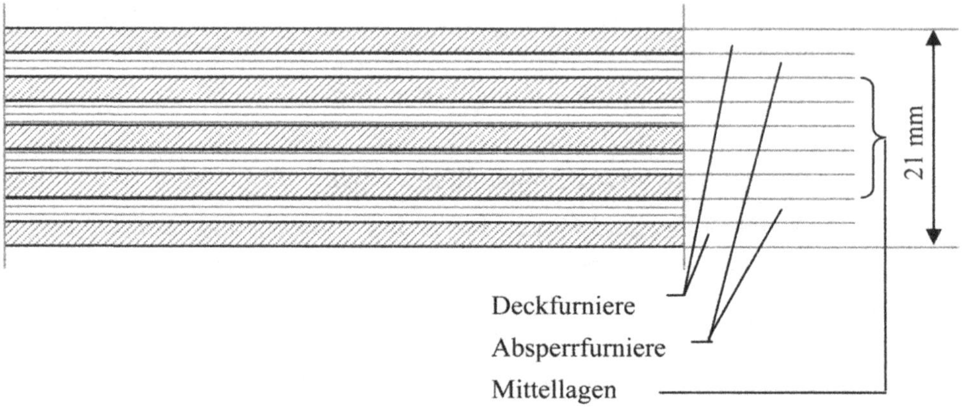

Skizze-Nr.: 3.5 - 6

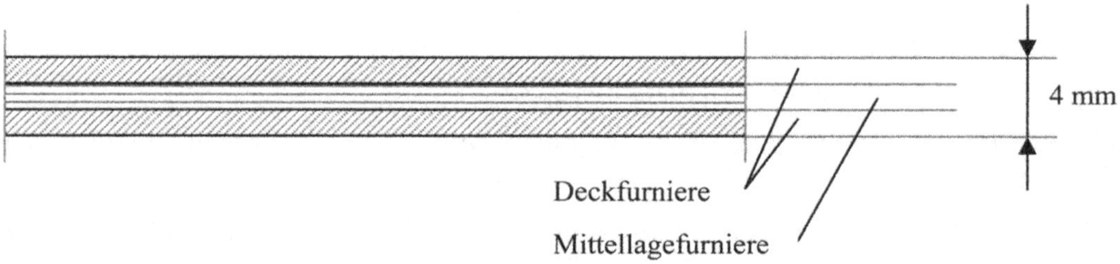

Skizze-Nr.: 3.5 - 7

Furnier-Sperrholzplatten unterliegen – wie Stab- und Stäbchen-Sperrholz – witterungsbedingten physikalischen und chemischen Gesetzmäßigkeiten, so dass Dimensions- und Oberflächenveränderungen wie Quellen, Schwinden und feine Rissbildungen auftreten können.

Querschnittsbedingt kann – mit der Summierung des Quellens jedes einzelnen Furniers – besonders im Kantenbereich eine vorübergehende Dimensionssteigerung auftreten, die im Stoßfugenbereich auf der Betonfläche partielle Spachtelungen notwendig machen können.

Die Hersteller begegnen derartigen Erscheinungen mit dem werkseitigen Einsatz von Kantenschutzausbildungen – allgemein auf Kunststoffbasis – deren Aufgabe es sein soll, die physikalisch bedingte Feuchtigkeitsaufnahme gleichmäßig auf die gesamte Plattenfläche zu verteilen.

Demzufolge sind spätere Zuschnittkanten grundsätzlich sinngemäß nachzubehandeln.

Trotzdem sind Kantenquellungen nicht immer zu vermeiden, doch kann der Praktiker davon ausgehen, dass die Dimensionsveränderungen im zul. Toleranzbereich der DIN 18 202 [1.21] bleiben.

Furnier-Sperrholzplatten können, produktionstechnisch oder formatbedingt, furnier- oder plattengeschäftet sein. Auch hier ist es – vor allen Dingen nach Ablauf mehrerer Einsätze – möglich, dass sich geringe partielle Quellungen abzeichnen, die erfahrungsgemäß die Normbedingungen der Ebenflächigkeit gem. DIN 18 202 [1.21] nicht überschreiten.

Durchfeuchtete Furnier-Sperrholzplatten erfahren, entsprechend dem Aufbau und dem Feuchtigkeitsgrad, eine statische Leistungsminderung – siehe DIN 68 792 Abs. 5.6 [1.54] – die vom Arbeitsvorbereiter zu berücksichtigen sind.

3.5.2.2 Trennmittelbehandlungen

Bislang konnte man davon ausgehen, dass Furnier-Sperrholz-Hautplatten filmvergütet sind, womit sich als einzusetzende Entschalungsmittel physiko-chemische Fabrikate in gleichmäßig dünnem Auftrag empfehlen.

Die allgemeine wirtschaftliche Lage gab den Anlass, dass, besonders für untergeordnete Zwecke in stärkerem Maße unvergütete – saugende – Nadelholz-Furnierplatten zum Einsatz kommen, wodurch Problemstellungen gegenüber der Trennmittelwahl gegeben sein können.

Diese offenporigen Schalungen neigen bei trockener Witterung oberflächenseitig zur Austrocknung und tragen diesbez. gegenüber dem Entschalungsmittel leicht zur Überdosierung bei. Verwendet die Baustelle nun – entsprechend ihrer Gewohnheit gegenüber befilmten Platten – hydratationsstörende Trennmittel, so kann ein Zuviel – vor allen Dingen gegenüber dem Nachfolgegewerk – mit anfallenden mm-tiefen Vermehlungen zur nachhaltigen Reklamation führen.

Diese Änderung der Marktlage sollte den Arbeitsvorbereiter veranlassen, die Baustelle zweckdienlich zu informieren.

3.5.2.3 Einsatzempfehlungen und -häufigkeit

Vorsatzschalungen haben nach wie vor bei kleineren und mittleren Bauunternehmungen ihren Verwendungsnachweis. Bei geringen Einsatzhäufigkeiten und/oder dekorativer Funktion, z. B. bei Balkon- oder Treppenuntersichten u. a. im Ein- oder Mehrfamilienhaus, finden diese Platten auch heute noch uneingeschränkte Verwendung.

Prädestiniert sind Vorsatzschalungen – Dicke entsprechend der Radien – bei geschwungenen Betonflächen, wobei das Material mit dem Bestreben erhöhter Flexibilität vorher ausreichend gewässert werden muss.

Auch empfiehlt es sich, bei gleicher Dicke, der vielschichtigeren Platte im Hinblick auf ihre geringere Eigenspannung den einsatztechnischen Vorzug zu geben.

Furnier-Sperrholzplatten gewinnen aufgrund ihres guten Preis-Leistungs-Verhältnisses immer mehr an Bedeutung.

Ausführungs- und Qualitätsunterschiede sollten jedoch unbedingt berücksichtigt werden.

Entsprechend der DIN 18 217 [1.25] sind Schalungshautplatten vom Ergebnis her unterschiedlich einzustufen.

Hierfür gilt die jeweilige Beschaffenheit der Oberfläche als Reproduktionselement der späteren Betonfläche und zwar sowohl in Bezug auf das Format und damit den Fugenanteil als auch auf die strukturelle Qualität.

Hier unterscheiden wir zwischen saugenden, also rohen, meist auf Nadelholzbasis aufgebauten, und vergüteten, meist befilmten, nicht saugenden Schalungen.

Preiswerte Schalungen müssen keinesfalls wirtschaftlicher sein, denn oftmals verlangen sie im Zusammenhang mit dem fertigen Ergebnis z. B. im Fugenbereich gegenüber dem Nachfolgegewerk unvorhergesehene Korrekturen und zusätzliche Kostenaufwendungen.

Die Tatsache, dass gerade gegenüber den funktionellen Betonflächen immer höhere Anforderungen, insbesondere bez. der Ebenflächigkeit, gestellt werden, sollte zur vorzeitigen Überlegung Anlass geben.

Dabei sollte – mit Rücksicht auf die konstruktive Individualität der einzelnen Fabrikate – darauf geachtet werden, möglichst Platten gleichen Aufbaus einzusetzen, um damit evtl. unterschiedlichen Dimensionsveränderungen innerhalb gleicher Betoneinheiten entgegenzutreten.

Bezüglich der Leistungsfähigkeit der Furnier-Sperrholzplatten gilt, wie bei allen Sperrholzschalungen, der Hinweis auf die Qualifikation der Oberflächenvergütung gem. Kapitel 3.6.3.

Eine Begrenzung der Einsatzbereiche für Furnier-Sperrholz gibt es praktisch nicht.

Durchschnittliche Einsatzhäufigkeit

Bei Platten mit unvergüteter Oberfläche sind auch nähere Hinweise kaum möglich, weil hier Holzart des Deckfurniers, Verwendungszweck, Trennmittel und Handhabung auf der Baustelle von entscheidendem Einfluss sind. Generell kann man davon ausgehen, dass rohe Platten – insbesondere auf Nadelholzbasis – zwischen 10 und 20 Einsätze erfahren.

Bei gefilmten Schalungen wiederum hängt die Verwendungszahl - sie liegt bei 10-70 Anwendungen - von der Art der Vergütung ab - gem. Kapitel 3.6.3.

3.5.2.4 Dimensionen und Grundpreis

Dimensionen

Dickenabmessungen der Vorsatzschalungen betragen:

i. d. R. 4 und 8 mm.

Dickenabmessungen selbsttragender Platten betragen:

9, 12, 15; 18; 20 und 21 mm als gebräuchliche Maße.

Dominierende Standardformate sind:

250 x 125 cm bzw. umgekehrt

265 x 125/150 cm bzw. umgekehrt

300 x 150 cm bzw. umgekehrt

und Großformate bis 1230 x 275 cm

fabrikatgebundene Zwischenabmessungen kommen hinzu.

Angenäherter Grundpreis

Hier gibt es – fabrikatbezogen – auf Grund der unterschiedlichen Plattenaufbauten und Oberflächenvergütungen große Preisspannen.

So beginnen die Preise der Vorsatzschalungen, in der Relation zum Brett, je nach Dicke z. B. – befilmt –

4 mm .... Multiplikationsfaktor ca. 1,0

8 mm .... Multiplikationsfaktor ca. 2,0

12 mm .... Multiplikationsfaktor ca. 3,0

Die Richtpreise selbsttragender Platten beginnen:

für unvergütete Platten (Nadelholz)

18 mm .... MF = 2,0

21 mm .... MF = 2,5

befilmte Platten

18 mm .... MF = ca. 3,0

21 mm .... MF = ca. 3,5

Wie gesagt, hier ergeben sich, besonders unter Einfluss der Importware, sehr weit gespannte Preisrelationen.

3.5.2.5 Empfohlener Feuchtigkeitsgrad zur Verarbeitung

Unvergütete Platten sollten mit erhöhtem Feuchtigkeitsgrad – ca. 18 bis 20 % - eingesetzt werden, um hiermit einer Trennmittelüberdosierung im Oberflächenbereich entgegenzutreten.

Das gilt besonders im Zusammenhang mit physiko-chemischen Materialien, deren Verwendung hier ohnehin fragwürdig ist. Aber auch der Möglichkeit eines zu hohen Feuchtigkeitsanspruches gegenüber dem Zugabewasser des Betons sollte man von der Schalung her Rechnung tragen.

Auch bei Vorsatzschalungen mit Befilmung ist es ratsam, die Eigenfeuchte – besonders im Zusammenhang mit geschwungenen Ausführungen – so hoch wie möglich zu halten.

Hier sind Eigenfeuchten von 22 bis 24 % und ggf. mehr anzustreben (vorherige Wässerung).

Bei selbsttragenden Schalungen dagegen genügt eine Eigenfeuchte von 16 bis 18 %.

Bei Platten dieser Art kann der Verarbeiter davon ausgehen, dass die Dimensionsstabilität der Schalung evtl. auftretende, witterungs- oder betonbedingte Spannungen integriert. Quellauswirkungen bleiben erfahrungsgemäß im Bereich der Toleranznorm.

3.5.2.6 Qualitätsanforderungen

Die Frage, ob eine unvergütete „einfache Nadelholz-Furnier-Sperrholzschalung" oder eine hochwertigere, mit Laubholzdeck versehene, befilmte o. ä. Platte zur Anwendung kommt, ist weniger eine kommerzielle Frage, sondern wird vom Objekt und seiner betonflächenbezogenen Leistungsbeschreibung bestimmt.

Es ist mit Sicherheit falsch, die Wirtschaftlichkeit einer Schalung mit dem Investitionspreis zu identifizieren, denn entscheidend ist allein die erstellte Leistung, über die Dauer des ganzen Objektes, besonders dann, wenn sich ein Nachfolgegewerk ausführungstechnisch anschließt.

Somit ist es Sache des Arbeitsvorbereiters, gemäß DIN 18 217 [1.25] die jeweils zweckmäßige Schalungshaut zu wählen und zwar unter Berücksichtigung der technologischen Gegebenheiten.

Dabei spielt z. B. bei einer Furnierplatte der konstruktive Aufbau dann eine besondere Rolle, wenn, sei es als großflächige Zuschnittplatte oder als Bestandteil von Systemen, individuelle Leistungen gefordert werden.

Eine vielschichtige Platte mit hohem Kunstharzanteil der Leimschichten ist - besonders im sehr feuchten Zustand – elastischer, z. B. als eine Stab-Sperrholz- oder eine 3-S-Platte und verlangt somit entsprechende Unterstützungsweiten, in Anlehnung an die Bedingungen der DIN 18 202 [1.21] bzw. der Leistungsbeschreibung.

Der hohe Kunstharzanteil ist andererseits aber ein Stabilisationsfaktor, d. h. eine solche Platte kann in allen Richtungen dimensionsstabiler sein.

In diesem Sinne kann es bez. der zu wählenden Schalungshaut keine „Globallösung" geben.

Furnier-Sperrholzschalungen werden in einem Variationsreichtum nach Aufbau und Format angeboten, der es jedem Verarbeiter möglich macht, für den jeweiligen Zweck die richtige Platte zu finden.

Entscheidend ist, dass der Arbeitsvorbereiter selbst Fachmann genug ist – oder sich entsprechend beraten lässt – um die Leistungsforderungen des Objektes mit den Leistungsmöglichkeiten der Schalungshautplatte gegenüber der zu erstellenden Betonfläche aufeinander abzustimmen.

3.6 Leistungsfakten von Holzwerkstoff-Schalungen

Aufgabe des Arbeitsvorbereiters ist es – gem. DIN 18 217, Abs. 2.1 [1.25] – die jeweilige Schalungshaut entsprechend der lt. Leistungsbeschreibung gestellten Anforderungen zu wählen.

Die diesbez. charakteristischen Merkmale einer Schalungshautplatte sind

a) Dimensionen,

   also Dicke, Breite, Länge und damit die Funktion im Sinne Vorsatz- oder selbsttragende Schalung,

b) Statische Leistungsfähigkeit,

   also E-Modul und Biegezugwerte und damit, bezogen auf die jeweiligen Lastannahmen, der konstruktive Einsatz,

c) Oberflächenbeschaffenheit bzw. Art der Vergütung

   und damit die Einsatzhäufigkeit, strukturelle Beschaffenheit der Betonfläche und Wirtschaftlichkeit.

Jede der drei Eigenschaften kann für sich individuell aussagefähig sein, entscheidend aber ist ihre gemeinsame zweckdienliche Abstimmung gegenüber dem zu erstellenden Objekt.

3.6.1 Dimensionen

(Siehe Abschnitt 3.6, Pkt. a).)

Von Ausnahmen abgesehen, ist festzustellen, dass Vorsatzschalungen, also Dicken bis 10, ggf. 12 mm – oftmals im Zusammenhang mit Wasserlagerung – wegen ihrer Flexibilität in Gemeinsamkeit mit einem Schalungsträger – z. B. aus Leisten – für geschwungene Baukörper aus Beton oder Stahlbeton Verwendung finden.

Bei kleineren Objekten und geringer Einsatzhäufigkeit, also Balkon-, Treppenuntersichten u. ä. im Wohnhausbereich werden aus wirtschaftlichen Gründen 4- oder 8-mm-Hautplatten ebenfalls als Vorsatzschalung bevorzugt. Die Hautplattendicke bei Systemschalungen beginnt allgemein mit 15 mm – vor allen Dingen bei Rasterschalungen – erfasst im weiteren Bereich die Dicke von 18 bzw. 19 mm und bedient sich in geringerem Umfang der im Zuschnittbereich üblichen 21 bzw. 21/22 mm.

Entscheidend für die Dicke einer Platte – bis zu einem gewissen Grade abhängig von Konstruktion und Einsatzweise der Schalung – ist die statische Beanspruchung.

Bei der Flächendimension sollte der Arbeitsvorbereiter bemüht sein, Standardformate zu bevorzugen, da sie vom Einkauf her preiswerter und damit wirtschaftlicher sind. Sind Fixmaße unvermeidbar und verlangt das betreffende Objekt diesbez. größere Mengen, ist es ratsam, diese werkseitig zu beziehen, da der Zuschnitt – besonders bei oberflächenglatten Sperrholzplatten – sowohl am „Platz" also besonders auf der Baustelle ausführungstechnisch zu Schwierigkeiten und vor allen Dingen zu Ungenauigkeiten führen kann. Ein geringer Fixmaßzuschlag macht sich hier bezahlt.

3.6.2 Statische Leistungsfähigkeit

(Siehe Abschnitt 3.6, Pkt. b).)

Die statische Leistungsfähigkeit ist zunächst am besten den Angaben der Hersteller zu entnehmen, insbesondere den graphischen Diagrammen.

Dabei sind die erläuternden Texte gewissenhaft zu studieren, denn oftmals sind die Werte durch Einengung begrenzter Eigenfeuchtigkeitswerte nur bedingt auf den speziellen Einsatzfall übertragbar.

Es bleibt als eigene Alternative die Bemessung der Unterstützungsweite. Dabei ist es grundsätzlich statisch zweckdienlich, Sperrholzschalungen quer zum Deckfurnierverlauf zu unterstützen. Das gilt vorrangig für Furnier-Sperrholz. Bei Stab- bzw. Stäbchen-Sperrholz (3-fach bzw. 5-schichtig) mit ca. 2 mm dünnen Deckfurnieren empfiehlt es sich, die Unterstützungsausrichtung quer **zur Mittellage** zu wählen.

Verlaufen Deckfurnierrichtung und Unterstützung parallel, so bezieht sich die rechnerische Dicke auf das dem Deckfurnier folgende, **quer zur Unterstützung** angeordnete Furnierpaar bzw. auf die Mittellage.

Zugleich ist es technisch unumgänglich, sich dabei nicht der Nenn-, sondern der Ist-Dicke zu bedienen, wobei man bei trockenen Sperrholzplatten (10 bis 15 % Eigenfeuchte) bez. der feuchtebedingten Minderung des E-Moduls um 20 % (DIN 68 791-2 Abs. 5.6 [1.53]) den Ist-Wert bedenkenlos um ca. 5 % erhöhen kann. Das bedeutet praktisch z. B. für eine 20,4 mm dicke Platte mit dem Nennwert 21 mm und einer Eigenfeuchte von 14 %, dass deren Dickentoleranzen lt. DIN 68 791 (Stab-/Stäbchenplatten) Abs. 5.1 + 0,2/ - 0,8 mm [1.53] und gem. DIN 68 792 (Furnier-Sperrholz) Abs. 5.1 + 0,2/ - 0,9 mm [1.54] jederzeit mit 21 mm gerechnet werden kann.

Bezugswerte für die Ermittlung der Unterstützungsweite sind in jedem Fall die Toleranzen der DIN 18 202 [1.21], sofern keine – praxisbezogenen – höheren Forderungen gestellt werden. Dabei ist zu berücksichtigen, dass es sich bei den zeilenbezogenen, unterschiedlichen Werten der Toleranz-Norm um obere Grenzwerte handelt und man anwendungstechnisch gut beraten ist, in die Gleichung mittlere Werte – unter Berücksichtigung der entsprechenden Messstrecke = geschätzte Unterstützungsweite (für 21 mm – Sperrholz allgemein 30 cm Rechnungswert) einzusetzen.

So haben wir es z. B. bei Zeile 6 DIN 18 202 [1.21] mit 3 mm für Messstrecke 0,1 m und 5 mm für Messstrecke 1,0 m zu tun, beides, wie gesagt, obere Grenzwerte.

Da unsere geschätzte Messstrecke jedoch ca. 30 cm beträgt, sollte man als mittleren Durchbiege-Rechnungswert 2 mm einsetzen. Von weiterer Bedeutung ist im statischen Sinne das Belastungsschema, also ob wir es mit einem, zwei, oder, wie üblich, drei oder vier Feldern zu tun haben. In diesem Sinne gilt der sog. Beiwert „*c*"; entsprechend der nachstehenden Skizze:

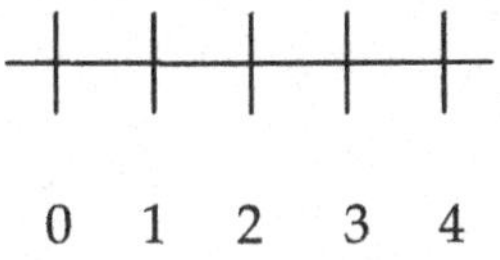

$c_1 = 1$

$c_2 = 0{,}45$

$c_3 = 0{,}52$

$c_4 = 0{,}49$

Als Ausgangsformel gilt die konventionelle Gleichung zur Ermittlung der Durchbiegung:

$$f = \frac{5 \cdot P' \cdot l^3}{384 \cdot E \cdot J} \tag{1}$$

bei der P' = Kraft (nicht Druck), bezogen auf den Schwerpunkt des Plattenabschnittes und

J = Trägheitsmoment ist.

Rechnet man nun beim Betonieren nicht mit Kraft (P'), sondern mit Druck, so ergibt sich die Beziehung:

$$P' = P \cdot l \cdot b \tag{2}$$

Das Trägheitsmoment errechnet sich:

$$J = \frac{d^3 \cdot b}{12} \tag{3}$$

Setzt man nun Gleichungen (2) und (3) in die Gleichung (1) ein, so erhalten wir die vereinfachte Formel:

$$f = \frac{5 \cdot 12}{384} \cdot \frac{P \cdot l \cdot b \cdot l^3}{E \cdot d^3 \cdot b}$$

b lässt sich kürzen und wir erhalten, unter Berücksichtigung des Beiwertes „*c*" die vereinfachte Endformel:

$$f = \frac{5 \cdot l^4 \cdot c}{640 \cdot E \cdot d^3} \qquad (4)$$

Korrekturfaktor für die Umrechnung der Einheiten: $\frac{l}{100}$

Rechnungsformel, auf l = lichte Unterstützungsweite bezogen:

$$l = \sqrt[4]{\frac{640 \cdot E \cdot d^3 \cdot f}{P \cdot c}} \qquad (5)$$

Als Berechnungsbeispiel gelten folgende Werte:

Mittlerer Durchbiegewert gem. Zeile 6 DIN 18 202 [1.21] „oberflächenfertige" Einheit bzw. Sichtbeton / f = 2 mm

P = Belastung = 50 000 N/m²

$$E = \frac{6000\ \text{N/m}^2}{4800\ \text{N/mm}^2}$$ (feuchtigkeitsbedingt gemindert um 20 %)

d = Ist-Dicke im nassen Zustand = 21 mm

c = Beiwert, im vorliegenden Falle über 4 Felder = 0,49

Mit diesen eingesetzten Werten erhalten wir die lichte Unterstützungsweite

$$l = \sqrt[4]{\frac{640 \cdot 4800 \cdot 21^3 \cdot 2}{50000 \cdot 0{,}49}}$$ = 39,03 cm, also ca. 40 cm

Mit anderen Worten ergibt sich mit ca. 40 cm lichte Unterstützungsweite eine zulässige Durchbiegung von ca. 2 mm, wie sie den Bedingungen Zeile 6 der DIN 18 202 [1.21] und damit sowohl einer Sichtbeton- als auch technisch funktionellen Betonflächen (tapezier- und streichfähige Ausführung) gerecht wird, und zwar als Mittelwert.

Unter Zugrundelegung der zulässigen – mit 3-facher Sicherheit eingesetzten – Biegespannungen, wie sie den DIN 68 791-2 [1.53] zu entnehmen sind, werden die vorhanden Sigma-b-Werte ermittelt.

Für Einfachfelder gilt die Gleichung

$$vorh\ \sigma_b = \frac{M}{W} = \frac{P \cdot l^2}{13333 \cdot d^2}$$

bzw. bei Durchlaufwirkung – wie bei unserem Beispiel – gilt die Gleichung

$$vorh\ \sigma_b = \frac{M}{W} = \frac{P \cdot l^3}{16670 \cdot d^2} = \frac{50000 \cdot 39{,}03^2}{16670 \cdot 21^2} = 10{,}36\ \text{N/mm}^2 \text{ größer als } 10\ \text{N/mm}^2$$

Logischerweise muss die zulässige Biegespannung gleich bzw. größer sein als die vorhandene Spannung.

Im vorliegenden Fall wird die vorh. Spannung der Norm-Forderung quer zum Deckfurnier voll und längs nur bedingt gerecht.

Dementsprechend ist im Einsatz zu verfahren, d. h. bei parallel laufender Unterstützung ist der Abstand zu mindern und der Spannungsnachweis nachzuvollziehen.

So ergibt sich für eine lichte Unterstützung von 36 cm eine vorhandene Biegespannung = 8,8 < 10 N/mm².

Bei parallel zu den Decks angeordneter Unterstützung bezieht sich die effektive Statik, wie zu Beginn bereits erwähnt, auf das zweite Furnierpaar mit der hierzu entsprechenden Ist-Dicke.

Gehen wir davon aus, eine 15-fache Furnier-Sperrholzplatte mit quer laufendem Deck und horizontaler Unterstützung in den Einsatz zu bringen, so beträgt die statisch wirksame Plattendicke 21 – 2 x 1 mm, also ca. 19 mm.

Diesen Wert setzen wir in unsere Gleichung und erhalten:

$$l = n \cdot \sqrt[4]{\frac{640 \cdot 4800 \cdot 19^3 \cdot 2}{50000 \cdot 0{,}49}} = 36{,}2 \text{ cm Unterstützungsweite,}$$

unter Ausklammerung der statisch nicht wirksamen Deckfurniere.

Der Spannungsnachweis lautet wie folgt:

$$vorh\ \sigma_b = \frac{M}{W} = \frac{P \cdot l^3}{16670 \cdot d^2} = \frac{50000 \cdot 36{,}2^2}{16670\ \cdot 19^2}$$ = 10,88 N/mm² größer als N/mm²

Mit anderen Worten ist die Unterstützungsweite b

ei quer zu den Decks angeordneten Trägern mit $1 = 36{,}2$ geringfügig zu hoch angesetzt. Eine Korrektur z. B. auf 34 cm wäre notwendig und würde die vorhandene Biegespannung wie folgt mindern:

$$vorh\ \sigma_b = \frac{50000 \cdot 34{,}2^2}{16670 \cdot 19^2}$$ = 9,6 kleiner 10 N/mm²

Die Praxis hat gezeigt, dass alle rechnerischen Ergebnisse nur Richtwerte sind und besonders im Zusammenhang mit abgesperrten Holzwerkstoffplatten feuchtigkeits-, holz- und konstruktionsbedingte, z. T. erhebliche Leistungsabweichungen möglich sind.

Somit bieten sich – vor allen Dingen für Großbaustellen – zwei anwendungstechnische Konsequenzen an, sofern man sich z. B. als Generalunternehmer kostenträchtig mit evtl. Ebenflächigkeitsabweichungen im Rahmen des Innenausbaus auseinandersetzen muss – die ggf. eingespart werden können.

Als erste, aber möglicherweise unwirtschaftliche Folgerung bietet sich eine geringere, z. B. mit ca. 20 bis 30 cm einzuplanende Unterstützungsweite an, bei der man als Unternehmer sicher ist, stets im unteren Bereich evtl. Toleranzabweichungen zu bleiben und damit bei dem Nachfolgegewerk kommerziellen Nutzen durch einen minimalen Arbeitsaufwand ziehen zu können.

Die zweite Möglichkeit bietet sich dahingehend an, dass die vorgesehene Platte einer praktischen Leistungsprobe – am „Platz" oder auf der Baustelle, im Zuge der Vorbereitungsarbeitungen zur Baustelleneinrichtung – unterworfen wird. Wie unterschiedlich die Ergebnisse einer statisch einheitlichen Belastung bei unterschiedlichen konstruktiven Merkmalen der Hautplatten ausfallen können, zeigt die **Tabelle 1**, Kapitel 7.

Belastet wurden – nach gleichem Schema, nämlich jeweils 3 Tage, mit zwischengeschalteter 3-wöchentlicher Wässerung und einem mittig aufgebrachten Gewicht von 100 kg, in zwei Durchgängen – 240 verschiedene Platten-Typen in Serien von je drei 21 mm Dicken (im Ausgangsmaß) 150/50 cm Hautplatten mit einer lichten Unterstützungsweite von 100 cm.

Gemessen wurde die Durchbiegung im Scheitelpunkt

1. nach 3-tägiger Belastung, sowohl im trockenen als auch im nassen Zustand und der sich

2. im entlasteten – nach einem Tag – ergebene, elastomerisch bedingte „Rückfederungswert".

Wie bereits o. a. haben wir es bei beiden Durchgängen mit jeweils zwei Ergebnissen, belastet und unbelastet, zu tun. Konstruktiv bedingte Trendabzeichnungen auszuwerten, ist jedem Leser selbst überlassen.

Vorrangig ging es darum, nachzuweisen, wie unterschiedlich die Ergebnisse gegenüber rechnerischen Ermittlungen sein können, die mittels der angegebenen Furnierdicken und der angenäherten Ausgangsdicke relativ leicht zu erreichen sind. Das im gleichen Zusammenhang auch mehr oder minder starke, vorrangig holzabhängige Quellwerte anstanden, ergibt sich von allein.

Um dem Praktiker – in Anlehnung an die vorstehende Versuchsserie – Möglichkeiten eigener Ermittlungen im Sinne der zu bestimmenden lichten Unterstützungsweiten zu geben, wurde mittels der Ergebnisse die **Tabelle 2**, Kapitel 7, aufgestellt:

Entsprechend des bereits zuvor beschriebenen, nachstehend skizzierten Belastungs-Schemas – in Kurzform – ergeben sich folgende Arbeitsgänge:

1. Probeplatten (150/50 cm Format mit längs- bzw. querlaufenden Decks) mindestens 3 Tage wässern – ggf. Holzfeuchte messen, wobei sich folgende Ca.-Werte ergeben:

   Massivholz .... 30 %

   Furniersperrholz .... 25 %

   Stab/Stäbchen-Sperrholz .... 20 %

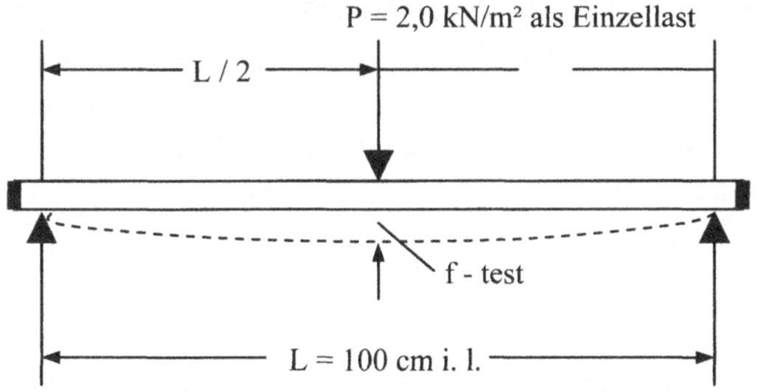

Skizze-Nr. 3.6 - 1

2. Belastung lt. Lastschema über mind. 24 Stunden.
3. Messen der max. Durchbiegung, auf 0,5 bzw. auf vollen Millimeter aufrunden.

4. In der Tabelle den der jeweiligen Belastung entsprechenden „lichten Unterstützungsabstand" ablesen und sinngemäß in die Praxis übertragen.

   Dabei haben wir es mit „echten" materialbezogenen Werten zu tun.

   Im Zweifelsfall kann es zweckdienlich sein, die rechnerische Kontrolle, ggf. auch Eigenermittlung mit individuellem praktischem Durchbiege-Grenzwert (f_{zul}) über die nachstehende Formel durchzuführen:

$$l = \sqrt[4]{\frac{0{,}2 \cdot f/_{zul}}{f/Test \cdot P}}$$

dabei sind die f-Werte in mm und der Belastungswert in Mp/m² einzusetzen.

Der Wert 0,2 entspricht der Belastung der Probeplatte in Mp/m².

Das Ergebnis 1 entspricht dem Meter-Wert.

Maßgeblich für zul. Ebenflächigkeitsabmaße im Hochbau ist allein DIN 18 202 [1.21], sofern in der Leistungsbeschreibung keine höheren Forderungen gestellt werden.

Aber auch dann bedarf es der Berücksichtigung – wie lt. Abs. 2.3.1 DIN 18 217 [1.25] für Betonflächen mit Anforderungen ausgeführt ist – der Rohbaubelange im Sinne praktisch ausführbarer Leistungen.

Mit anderen Worten kann es eine +/- Null-Forderung nicht geben.

Sowohl Hautplatten (gem. DIN 18 215 [1.23]; 68 791 [1.53] und 68 792 [1.54]) als auch Schalungs-Systeme bedürfen der Berücksichtigung ausführungstechnisch unvermeidbarer materialbedingter, konstruktiver oder auch – im Zusammenhang mit Durchbiegungen – statisch verursachter Maßtoleranzen.

Die zahlreichen praktischen Versuche mit ihren tabellarischen Ergebnissen (**Tabelle 1,** Kapitel 7) machen deutlich, dass es für den Praktiker unumgänglich ist, sich auf die materialbedingten Eigenarten des gewachsenen Holzes anwendungstechnisch einzustellen und zwar in Anlehnung an die jeweilige Leistungsbeschreibung.

Schwinden und Quellen

Nicht nur passiv, sondern auch im abgesperrten Zustand unterliegt Holz, sprich Sperrholz, entsprechend der Hinweise in DIN 68 791 [1.53] und 68 792 [1.54] physikalischen und chemischen Gesetzmäßigkeiten.

Legen wir beim Schalungsbrett eine Ausdehnung von ca. 0,2 bis 0,3 % zugrunde, so gilt im praktischen Sinne beim Sperrholz – für die Ebene, also längs und quer einer Sperrholzschalung, je nach Holzart und Plattenaufbau 0,02 bis 0,03 % je Prozent Feuchtigkeitsdifferenz. Dabei wird im Zusammenhang mit diesem, im Vergleich zu Massivholz relativ geringen Wert, vergessen, dass sich auch die Dimension des Einzelelements dergestalt verändert hat, als wir es beim Brett mit ca. 10 cm Breite, beim Sperrholz aber mit mindestens einem Meter und mehr zu tun haben, wenn es um Länge und Breite einer Schalungsplatte geht.

Hinzu kommen die erfahrungsgemäß sehr unterschiedlichen Ausgangsfeuchten der Schalungsmaterialien, beim Massivholz zwischen 20 und 25 %, beim Sperrholz dagegen – ab Werk – um 10 bis 14 %. Mit anderen Worten, die angestrebten Baustellenfeuchtigkeiten wirken gegensätzlich, also das Brett schwindet allgemein und das Sperrholz quillt.

Beginnen wir hier, beim Sperrholz mit der Vorsatzschalung, also z. B. einer ca. 4 mm dicken, 3-fach aufgebauten Furniersperrholzplatte, gem. DIN 68 792 [1.54].

Abgesehen von den zul. Maßtoleranzen, welche der DIN 18 202 [1.21] zu entnehmen sind, geht es anwendungstechnisch darum, zu wissen, dass sich diese Toleranzwerte auf fertigungsbedingte, niedrige Eigenfeuchtigkeiten von mindestens 7 % - ab Werk – beziehen.

Das schließt nicht aus, dass bei trockener Witterung und Direktanlieferung vom Herstellwerk zur Baustelle, auch die Eigenfeuchtigkeiten mit etwa 10 bis 14 % relativ niedrig liegen.

Folgt dann – z. B. in herbstlicher Jahreszeit – intensive Nebeleinwirkung, d. h. die rel. Luftfeuchte steigt auf ca. 80 %, so steigt auch die Plattenfeuchte bis auf 25 und mehr Prozent. Mit anderen Worten ist ein Feuchtigkeitszuwachs von ca. 10-15 % durchaus möglich.

Rechnerisch bedeutet das für den Meter einer Plattendimension 15 x 0,02 % = ca. 0,3 %.

Ein auf den ersten Blick niedrig erscheinender Wert, dessen 4 mm z. B. bei einer 3 mm langen Platte zu 9 mm werden und eine Plattenwölbung nach sich ziehen, die im Scheitelpunkt 20 mm und mehr betragen kann und mit Sicherheit zur Mängelrüge gegenüber der Ebenflächigkeit führen wird.

Bei selbsttragenden Platten, mit einer Dicke von ca. 21 mm, kann man davon ausgehen, dass die strukturellen Spannungen seitens der Plattenkonstruktion aufgefangen werden, Extremsituationen ausgenommen.

Anders dagegen wirkt sich möglicherweise die Dickenquellung aus, bei welcher der Absperreffekt – wie praktische Versuche erkennen ließen – von untergeordneter Bedeutung bleibt.

Hier gelten nicht die 0,02 bis 0,03 % des Sperrholzes sondern die 0,2 bis 0,3 % des Massivholzes, unter Berücksichtigung des Plattenaufbaus.

Die in **Tabelle 3**, Kapitel 7, tabellarisch aufgeführten Differenzwerte der Plattendicken ergeben sich aus der Quellung der Platten, vom lufttrocknen zum feuchtigkeitsgesättigten Zustand, nach 21-tägiger Wasserlagerung.

Alle Werte der **Tabellen 3 bis 6**, Kapitel 7, lassen mehr oder weniger erkennen, dass eine Vorbestimmung oder Abschätzung der Quellung nicht möglich ist, d. h. mit anderen Worten, die Baustelle mit derlei Ungleichmäßigkeiten „leben" muss.

Gegenüber der DIN 18 202 [1.21] (Toleranzen im Hochbau), wo es u. a. in der Anmerkung heißt „Bei flächenfertigen Wänden u. Decken sollen Versprünge vermieden werden" bedeutet eine solche Forderung deren Einhaltung nur im Rahmen der schalungsbedingten Möglichkeiten, also entsprechend der Sperrholznormen (68 791 [1.53] u. 68 792 [1.54]) zuzüglich der materialbezogenen Quell- und Schwindwerte.

Bezüglich der Verarbeitung von Sperrholzschalungen, also der Montage vorgefertigter Flächeneinheiten, ergibt sich für den Hersteller die Notwendigkeit, deren Eigenfeuchte zu überprüfen und zudem – um spätere Beton-Noppen zu vermeiden – Heftstifte mit Linsenköpfen zu verwenden.

Bei der Quellabwicklung sollte der Praktiker davon ausgehen, dass diese bei Stabsperrholzplatten, insbesondere mit wahllos verlaufenden Jahresringen der Mittellagen, ausgehend von der Hirnholzseite, im Intervall der Stabbreiten zwar vom Rand beginnt, doch die gesamte Fläche langfristig erfasst und die sich dabei ergebende Oberflächenunruhe bleibt.

Bei Furnierplatten beginnt die Randquellung rundum, und zwar in intensiverem Maße, um später mit einer insgesamt dickeren Dimension und weitgehendst planebenen Fläche die ganze Platte zu erfassen.

Bezüglich der Randquellungen sollte man davon ausgehen, dass diese schalungsbedingten Abweichungen – meist um ca. 20 cm max. Randbreite in den Beton gehen, den Querschnitt also mindern und dementsprechend im Schalungs-Stoßfugenbereich, wenn auch relativ lohnaufwendig, so doch fach- und materialgerecht abzuspachteln sind.

Allgemein kann man davon ausgehen – und das gilt sowohl für Stab- als auch Furniersperrholz – , dass die Dimensionen der Quellung bzw. Schwindung im Toleranzbereich der DIN 18 202 [1.21] bleiben, zumindest was Zeile 5 u. 6 betrifft.

Gegenüber den Innenausbaugewerken bedarf es demzufolge einer ausschreibungsentsprechenden Abstimmung.

Für den Hersteller industrieller System-Rahmenelemente kann man generell davon ausgehen, dass Furnierplatten bis ca. 15 mm Dicke verarbeitet werden, die Quellungen also relativ gering sind. Aber auch hier können 18- und 21-mm-Platten zur Anwendung kommen und es gilt praktisch für alle Hautplatten, dafür zu sorgen, dass diese nach längerem Gebrauch, also im nassen Zustand nicht über dem Rahmen überstehen.

Anderenfalls zeichnen sich die Stahlrahmen erhaben auf der Betonfläche ab und rechtfertigen, auch wenn die Versprünge innerhalb der Toleranznorm liegen, eine

Mängelrüge seitens der Innenausbaugewerke. Das gilt besonders dann, wenn z. B. streich- oder tapezierfertige Flächen gem. Zeile 7 DIN 18 202 [1.21] verlangt werden.

Quellungen kann man im Schalungsbereich als bleibende Querschnittsänderung bezeichnen, denn erfahrungsgemäß wird die normgerechte Ursprungsdicke nicht mehr erreicht.

Eine andere bleibende Änderung der Dimension ergibt sich mit der Biegezugbelastung im Sinne einer sog. plastischen Verformung.

Tabelle 1, Kapitel 7, lässt zweifelsfrei erkennen, dass im Zusammenhang mit der Be- und Entlastung der zahlreichen Schalungshautplatten sowohl im lufttrockenen Zustand des ersten Durchganges als auch nach 3-wöchiger Wässerung der Platten beim zweiten Durchgang der geradlinige Ausgangszustand der Platten nie erreicht wurde.

Das bedeutet, praxisbezogen, dass Hautplatten bei Systemschalungen sowohl unter Einwirkung der Feuchtigkeitsveränderung als auch unter Einfluss ständig sich wiederholender Belastung durch Beton materialbedingten Verformungen unterliegen, die notwendigerweise einen nachteiligen Einfluss auf die Ebenflächigkeit der zu erstellenden Einheit ausüben.

Die Tabellenwerte lassen klar erkennen, dass diese Verformungen, insbesondere bei nassen Platten, bis zu 50 % ihrer Lastdurchbiegung betragen können.

Mit anderen Worten kann man grundsätzlich feststellen, dass feste Stoffe begrenzter Lastaufnahme durch Formänderung gekennzeichnet sind, die zwar im anschließend entlasteten Zustand ihrer ursprünglichen Form zustreben, diese jedoch, im Falle einer lose aufliegenden Sperrholzschalung nie und bei System-Schalungen, also im Zusammenhang mit Rahmen, nur bedingt voll erreichen. Hersteller müssen demzufolge für kraftschlüssige Verbindungen ihrer Konstruktionen und für Bewegungsspielraum der Hautplatten sorgen.

Bei materialbezogener unterschiedlicher Belastung tritt, wie gesagt, eine plastische, also bleibende Verformung gegenüber der elastischen Durchbiegung unter Einfluss der Betonlast auf. Bei längeren Lasteinwirkungen, z. B. stark verzögertem Beton, können Lastaufnahmen, die einwandfrei im elastischen Bereich liegen, zur plastischen, also dauerhaften Verformung führen und somit mit Beginn des Wiedereinsatzes die Ebenflächigkeit der zu erstellenden Betoneinheit beeinträchtigen.

Man spricht in diesem Zusammenhang vom Kriechen der Werkstoffe, wie wir es auch beim Beton kennen.

Bei Holz und dementsprechend auch beim Sperrholz ist die Tragfähigkeit – im Gegensatz zu manchen anderen Materialien, z. B. Metall – im Zusammenhang mit größeren Formänderungen schneller erschöpft.

Dementsprechend ist hier der Zusammenhang zwischen Formänderung und Spannung im elastischen Bereich, in dem es also nicht zum Bruch kommt, von zweckdienlicher Bedeutung.

Die Dehnungszahl $\alpha/_d$ kennzeichnet diesen Zusammenhang. Er drückt sich aus in

$$\alpha = \varepsilon / \delta$$

worin $\varepsilon = \frac{\Delta L}{L}$ (Dehnung)

und

δ – Spannung

ist.

Die Dehnungszahl beziffert die Änderung der Längeneinheit eines Stabes je Einheit der Spannung.

Nun ist für zahlreiche Rechnungsmethoden $1/\alpha_d$ einfacher als α_d. Deshalb führte man den Begriff $1/\alpha_d$ ein und nannte ihn **Elastizitätsmodul**.

Der sog. E-Modul ist also der reziproke Wert der Dehnungszahl.

Er drückt die Spannung (in N/mm^2 [kp/cm^2]) aus, bei der sich ein Zylinder vom Querschnitt 1 (cm^2, mm^2) bei Zug um seine eigene Länge dehnen würde.

Bezogen auf Holz zeigt sich hier bereits die Problematik der Begriffsanwendung und sein rein theoretischer Charakter, denn dieses strukturell unterschiedliche Material würde bereits bei einem Bruchteil der Spannung des E-Moduls reißen.

Vom effektiven Verhalten des Materials also gibt der E-Modul kein anschauliches Bild, ganz abgesehen von der Tatsache, dass er im umgekehrten Verhältnis zur Formänderung steht. Also je elastischer und nachgiebiger ein Material ist, umso kleiner fällt der E-Modul aus.

Zu bestimmen ist das E-Modul aus Zug, Druck oder Biegung, wobei die sich ergebenden Werte angenähert gleich sind.

Der gebräuchlichste Wert ist biegungsbezogen und wird somit auch als Biege-E-Modul bezeichnet. Er ist am einfachsten zu ermitteln.

Bei Holz hängt das E-Modul, strukturbedingt, von einigen Einflussfaktoren ab, wie Feuchtigkeit, Temperatur, Vorbehandlung wie Wässern, Kochen, Dämpfen usw., die außerhalb des eigentlichen Werkstoffes liegen.

Biegebruchfestigkeit:

Biegebeanspruchungen stellen die Hauptbelastung von Schalungsplatten aus Holzwerkstoffen dar. Somit ist auch die Biegefestigkeit die meistens anstehende Leistungsqualifikation.

Die Prüfung selbst ist einfach:

Holzstäbe mit bestimmten Querschnittsabmessungen werden durch Punktlast mittig beansprucht.

Der in N/mm² [kp/cm²] ermittelte Wert zeigt die Lastaufnahme, bezogen auf den Flächenquerschnitt, beim Bruch des Stabes an.

Je höher der Wert, je leistungsfähiger das Material, bzw. je größer die Festigkeit des Holzes bzw. der Platte.

Wie bereits erwähnt, gibt es eine Reihe von Einflussfaktoren, darunter vor allen Dingen die Eigenfeuchte, welche beim Sperrholz gem. Abs. 5.6 „Anmerkung" DIN 68 791 [1.53] und 68 792 [1.54] durch Minderung des E-Moduls Berücksichtigung finden u. a. m.

Materialbezogen gehören zu diesen Einflussfaktoren selbstverständlich auch die Wachstumserscheinungen des Holzes, also Jahreringverlauf, Früh- und Spätholzanteil sowie andere technologische Eigenarten.

Die jeweiligen Hersteller von Sperrholzschalungen bemühen sich dementsprechend, unter Berücksichtigung kommerzieller Gesichtspunkte, um weitgehende Leistungsfähigkeit und Homogenität der Betonschalung.

Zug- und Druckfestigkeit:

Wenngleich für die Biegefestigkeit von anwendungstechnischer Bedeutung, so werden beide Festigkeitswerte in der Praxis weniger bestimmt. Angegeben werden die Leistungswerte, entsprechend der Biegefestigkeit, in N/mm² [kp/cm²].

Sie weisen die Höchstlast vor dem Bruch bzw. der Stauchung beim Druckversuch aus.

Parallel zur Faserrichtung hat Holz logischerweise eine hohe Zugfestigkeit, gegenüber der Druckfestigkeit, die etwa nur halb so groß ist. Dagegen kann Holz quer zur Faser große Lasten aufnehmen und es ist eher die Verformung als die Lastgröße maßgebend.

Erkenntnisse, die vor allen Dingen im Gerüstbau von Bedeutung sein können.

Verständlich dürfte in diesem Zusammenhang sein, dass die Zugbeanspruchung eines Holzes, dessen Fasern quer zur Zugrichtung verlaufen, etwa 10 bis 20 % des Wertes betragen, der sich bei längs laufenden Fasern ergibt.

Daraus lässt sich anwendungstechnisch die statische Bedeutung des Deckfurniers, besonders bei Furnier-Sperrholz, ableiten, da ihr Wirkungsgrad mit dem größten inneren Hebelarm von der jeweiligen Querschnittsfläche, in Richtung des Faserverlaufs abhängt.

Bei der Ermittlung der Durchbiegung einer Platte bzw. des Trägheitswiderstandes werden somit auch die quer laufenden Furniere „ausgeklammert".

Die Einflussgrößen auf Zug- und Druckfestigkeit entsprechen etwa die der Biegefestigkeit.

Abminderungsfaktoren für Durchfeuchtung:

Die vorstehenden Ausführungen lassen eindeutig erkennen, dass die Holzfeuchte von mitentscheidender Bedeutung für alle elastomechanischen Werte ist. Das gilt vor allen Dingen für den Bereich der Betonschalungen, welche zweifach, nämlich der Witterungs- und Bodenfeuchte, ausgesetzt sind.

Holz nimmt Wasser auf Grund seiner Kapillarstruktur und des chemischen Aufbaus auf. Die Anlagerung bzw. Bindung von Wassermolekülen (Adsorption u. Chemosorption) erfolgt von 0 bis 28 %. Hierbei tritt die in den verschiedenen Tabellen veranschaulichte Quellung auf. Mit anderen Worten verändern sich demzufolge auch die erwähnten Werte. Über den Sättigungsbereich hinaus, also über 28 bis 30 % hinaus, tritt keine weitere Veränderung der Werte einschl. der Quellung ein.

Die Zusammenstellung der Tabellen aber lässt eindeutig erkennen, dass Holz als gewachsener Stoff mit seiner strukturell sehr unterschiedlichen Beschaffenheit keine exakt vorauszubestimmenden Reaktionen erwarten lässt.

Der Praktiker ist also im Zusammenhang mit Betonschalungen aus Holzwerkstoffen gut beraten, im statischen Sinne „auf der sicheren Seite" zu bleiben.

Die Norm spricht diesbez. von etwa 30 % Minderung der Biegezugfestigkeit und ca. 20 % des E-Moduls.

Erfahrungsgemäß nehmen alle elastomerischen Werte, besonders aber Zug- und Biegefestigkeit zwischen 0 und 5 bis 8 % Holzfeuchte zu, dann aber bis zum Fasersättigungsbereich ab.

Die Größe der Abnahme schwankt von Holzart zu Holzart. Sicherlich ist jeder Anwender gut beraten, von eigenen Erfahrungswerten auszugehen und feuchtigkeitsbedingte Niedrigwerte als Grundlage statischer Beanspruchung einzusetzen.

Ohne eine zweifelsfreie Klärung aller fachlichen Problemstellungen sollte der Rohbauunternehmer nicht beginnen.

Was nicht heißt – und hier gilt der Text der VOB/B § 4 Abs. 3 [1.10] „Anmeldung fachlicher Bedenken, möglichst vor Beginn der Arbeit" – dass Unklarheiten, die sich nach Lage der Dinge erst im Bauverlauf erkennen lassen, einen fachlich gerechtfertigten Einspruch nicht mehr erlauben.

3.6.3 Oberflächenbeschaffenheit

(siehe Abs. 3.6, Pkt. c))

Zwei Sperrholzplatten-Typen unterscheiden wir im hochwertigen Betonschalungsbereich:

a) lt. DIN 68 791 [1.53] Stab- und Stäbchen-Sperrholz und

b) lt. DIN 68 792 [1.54] Furnier-Sperrholz.

Statisch sind diese Schalungen der Massivholz- und auch der 3-S-Platte – zumindest in einer Richtung – unterlegen.

Dafür aber sind beide Sperrholz-Typen erheblich dimensionsstabiler und damit gegenüber ihrer Aufgabenstellung als Betonschalung technisch universeller verwendbar.

Nicht zuletzt die gegenüber dem Massivholz erheblich höheren Investitionskosten waren einer der Gründe, die im Laufe der Entwicklung zunächst zur Oberflächenbeharzung, dann zur -befilmung führten, und damit eine beachtliche Leistungssteigerung im Sinne höherer Einsatzhäufigkeit und demzufolge größerer Wirtschaftlichkeit erzielten.

Ein Vorteil, der bis zum heutigen Tage das wohl charakteristischste Merkmal hochwertiger Sperrholzschalungen ist.

Der kommerzielle Anteil der Schalung an den Rohbaukosten beträgt i. M. ca. 50 %, sinkt ggf., wenn es sich um einfache Konstruktionen und vor allen Dingen Großbauten mit gleichförmigen Wiederholungseinsätzen handelt, bis zu 30 % und steigt möglicherweise bis zu 70 %, wenn kleinere konstruktiv komplizierte oder auch größere mit extrem individueller Grundrissgestaltung (z. B. Banken) Objekte anstehen.

DIN 18 217 Abs. 2.1 [1.25] erwartet vom Bauunternehmer, dass er – entsprechend der geforderten zweifelsfreien Leistungsbeschreibung – in materialbezogener Verantwortung die den Anforderungen entsprechend zweckmäßigste Schalungshaut wählt.

Im technisch-wirtschaftlichen Sinne bedeutet das eine Schalung, deren Oberfläche und Oberflächenvergütung der Aufgabenstellung gerecht werden.

Die Beantwortung der Frage also, ob jeweils eine preiswertere, rohe Sperrholz-Furnierplatte aus Nadelholz, die gleiche Type mit Laubholzdeck und Befilmung, eine hochwertige, vielschichtige Furnierplatte aus europäischem- oder Überseeholz, allgemein mit Befilmung, eine Standard-Stab-Sperrholzplatte mit unausgeglichener Mittellage – unter Feuchtigkeitseinfluss zur Oberflächenunruhe neigend – mit Befilmung, die gleiche Type hochwertiger Konstruktion und leistungsfähiger Befilmung oder gar einer Stäbchen-Sperrholzplatte, befilmt, zu wählen ist, kann nur, verantwortlich, vom Rohbauunternehmer selbst beantwortet werden.

Das setzt voraus, dass er seine Materie ausreichend beherrscht.

Oberflächenvergütungen, insbesondere Befilmungen, haben den Nachteil, dass sie äußerlich bez. ihrer Leistungsfähigkeit kaum oder gar nicht zu analysieren sind. Hier bedarf es der objektiven Information durch den Hersteller bzw. über entsprechende Unterlagen durch den Importeur oder Händler.

In diesem Sinne kann der Schalungsplattenkauf fachliche Vertrauenssache sein und es ist durchaus gerechtfertigt, wenn die Wahl dieser oder jener Hautplatte **objektbezogen** in Gemeinsamkeit von Handel und Bauunternehmung getätigt wird.

Hier stellt sich für den Arbeitsvorbereiter im Zusammenhang mit den Belangen der zu erstellenden Betonfläche eindeutig heraus, ob die Leistungsbeschreibung Zweifel offen lässt und inwieweit er die schalungstechnologischen Feinheiten – besonders im Zusammenhang mit Sperrholz – kennt bzw. der Zulieferer in der Lage ist, evtl. Wissenslücken zu schließen.

Vernachlässigt man Imprägnierungen, die mehr oder minder verkaufspsychologisch wirken, oder anders ausgedrückt, der Feuchtigkeitsbeeinträchtigung der Schalung kaum Vorteile bieten sowie Beharzungen, welche anteilmäßig unwesentlich sind, so bedarf es dafür aber umso mehr der fachlichen Differenzierung von Befilmungen, welche insbesondere den Wert der Sperrholz-Betonschalungen positiv beeinflussen können.

Filmvergütungen werden nach Gewicht pro m² eingestuft, wobei zur objektiven Bewertung der Qualität die zur Anwendung kommenden Harze analysiert werden müssten, da es hier sichtlich Unterschiede gibt.

Generell aber kann man davon ausgehen, dass bez. der anwendungstechnischen Bedeutung der Gewichtsanteil entscheidend ist, zumal alle nachstehenden Überlegungen zwar über eine Versuchsserie belegt, trotzdem mehr oder minder theoretisch zu bewerten sind.

Gruppiert man die unterschiedlichen Filmvergütungen aus der Sicht der Anwendungsbereiche – bezogen auf ihre Gewichte/m² - so ergibt sich das folgende Bild:

Platten für gering begrenzte Einsatzhäufigkeit, z. B. Vorsatzschalungen untergeordneter Bedeutung und Zuschnitt-Platten	30/90 g/m² - ca. 45 bis 60 µ
Platten üblicher Einsatzbereiche und Verwendungshäufigkeit	40/120 bis 45/130 g/m²; Dicke 150 bis 300 µ
Schalungen hoher Belastung und entsprechender Einsatzhäufigkeit	60/160 bis 80/200 g/m²; Dicke 180 bis 400 µ
Schalungen für extrem hohe Belastungen und Einsatzhäufigkeiten, z. B. bei System- oder Fertigschalungen	ab 300 g/m²; Dicke mind. 300 µ

Mindesteinsatzhäufigkeit, die unter materialgerechter Trennmittelbehandlung evtl. zu steigern ist, beträgt – bezogen auf das als zweiten Wert angegebene BRUTTO-Gewicht (den ersten Wert stellt das Träger-Papier-Gewicht dar) – angenähert wie folgt:

30/90 g/m²	Vergütung ca. 10 bis 15 %, also 9 bis 14 Verw.
40/120 g/m² bis 45/130 g/m²	Vergütung ca. 20 %, also ca. 24 bis 26 Verw.
60/160 g/m² bis 80/200 g/m²	Vergütung ca. 20 %, also ca. 32 bis 40 Verw.

Bei höheren Gewichten bzw. Schichtstoff-Synthesen ergeben sich von Fall zu Fall individuelle Werte – im Extremfall bis 40 % des Brutto-Gewichtes – dafür aber bei sehr gegensätzlichen Witterungen, besonders bei thermischer Belastung u. U. auch Spannungskriterien.

Hier gelten die Verarbeitungsrichtlinien der Platten-Hersteller.

Marktbezogen zusammengefasst kann man davon ausgehen, dass derzeit etwa 5 % der Vergütungen – praxisbezogen fragwürdig – unter 100 g/m², ca. 60 % zwischen 100 und 130 g/m², ca. 20 % zwischen 130 und 200 g/m² und der Rest ca. 15 % über 200 g/m² Brutto-Gewicht liegen.

Vergütungen mit Siebdruckstruktur, früher auf Beharzungsbasis, derzeit mittels Befilmung und Rasterung über zwischengelegte Siebmatten, haben anwendungstechnisch als Betonschalung an Bedeutung verloren.

In zahlreichen Fällen, besonders im Zusammenhang mit Betonflächen für Nachfolgegewerke – z. B. des Innenausbaus – also dort, wo die Betoneinheit ggf. mittels größerer Fläche und rauerer Struktur eine bessere Haftung des Putzes, der Spachtelung, eines Dünnbettmörtels für Plattierung erwarten lässt, können siebdruckvergütete Betonschalungen – meist Furnierplatten – durchaus zweckdienlich sein.

Bei den nachstehenden Serien-Versuchen der Abriebfestigkeit waren Siebdruckplatten mit von der Partie, wurden gegenüber dem Taber-Abraser aber ausgeklammert, weil die zur Bewertung des Abriebs erforderliche partielle Strukturgeschlossenheit auf Grund der Oberflächenrasterung hier nicht gegeben sein kann.

Das aber bedeutet keine Abwertung dieser in der Praxis von Fall zu Fall durchaus angebrachten Furnier-Sperrholz-Betonschalung.

Um den nachstehenden theoretischen Überlegungen eine praxisbezogene Grundlage zu geben, wurden in einem Testversuch – in Anlehnung an DIN 53 799, Abs. 4.6 [1.50] (Verhalten gegen Abrieb) und DIN 53 799, Abs. 4.4.2 (Stoßbeanspruchung mit fallender Kugel) unter Einsatz entsprechender, hochwertiger Gerätschaften (Taber-Abraser und elektronischer Waage) die mechanischen Belastbarkeiten von ca. 250 Schalungsplatten gem. DIN 68 791 [1.53] (Stab- und Stäbchen-Sperrholz) sowie DIN 68 792 [1.54] (Furnier-Sperrholz) ermittelt.

Bei dem Versuch, dessen Ergebnisse nachstehend tabellarisch zusammengestellt sind, ging es darum, über einen Ab- und Durchrieb die Fakten der Einsatzhäufigkeit und über einen Schlag die Elastizität der Oberflächen zu ermitteln und einander nach Fabrikat und Typ gegenüberzustellen.

Diese zahlenmäßigen Ergebnisse wurden mit praktischen Erfahrungswerten von Vorsatzschalungen auf Hartholzbasis der „ersten Stunde“, deren Befilmung und Einsatzzahl bekannt waren, auf einen gemeinsamen Nenner gebracht und führten diesbez. zu Leistungs-Richtwerten. Siehe **Tabelle 7**, Kapitel 7.

Aufgabenstellung der Versuchsserie ist es, dem fachlich interessierten Schalungspraktiker einen Einblick in die Abhängigkeit der verschiedenen, praxisbezogenen Leistungsfakten voneinander zu vermitteln.

Oberflächenvergütungen basieren auf hochwertigen Kunstharzen, vorrangig Phenol, aber auch Melamin u. a., wobei der Schalungsverarbeiter sowohl aus betontechnologischen als auch optischen Gründen davon ausgehen muss, dass die zur Anwendung gekommenen Harze im Zuge der Fertigung materialgerecht voll ausgehärtet sind. Unzureichend ausgehärtete Phenolharze können, im Zusammenhang mit Alkali- und anderen Einflüssen, wie UV-Einstrahlung und Wärme, im Oberflächen- und oberen Betonstrukturbereich zu bräunlichen Verfärbungen führen, wobei die Analysierungsmöglichkeiten oftmals schwierig sind.

Nicht zuletzt deshalb, weil u. a. auch Trennmitteleinflüsse Fleckenbildungen nach sich ziehen können und verständlicherweise alle Betroffenen die Ursache beim anderen suchen. Erschwert wird die Analysierung von Fleckenbildungen der Betonflächen nicht zuletzt durch die Vielfalt der Trennmittelfabrikate, evtl. manueller Unzulänglichkeiten in der Handhabung einerseits und der Tatsache, dass vergütungsbedingte Fleckenbildungen erst nach dem Ausschalen und damit mehr oder minder im trockenen Zustand ermittelt werden. Demzufolge ist eine Analysierung an Ort und Stelle erschwert.

Bei Betonverfärbungen aller Art sollte man zunächst – vom Trennmittelverdacht ausgehend – die möglichen Ursachen nach Augenschein untersuchen, z. B., in Abstimmung mit dem Trennmittelhersteller, Probebehandlungen durchführen.

Bei wasserlöslichen, **emulgierbaren Trennmittelrückständen** bedient man sich am einfachsten einer ein- oder mehrfachen Schaumwaschmittelbehandlung.

Bei **nichtemulgierbaren Trennmittelrückständen** auf Mineralöl-, Bitumen- o. ä. Basis verwende man versuchsweise entölte Substanzen mit entsprechenden Verdünnungsmitteln, wie Nitroverdünnung, Äthylacetat usw.

Dabei sollte man nicht übersehen, dass angelöste Flecken möglicherweise verdünnt in die Betonstruktur abwandern und aus einer intensiven Verfärbung partieller Art einen großflächigen „Farbschleier“ machen.

Es kann somit sinnvoll sein, den angelösten Trennmittelrückstand mittels Löschpapier sofort aufzusaugen.

Das gleiche Problem ergibt sich u. U. bei **wachshaltigen Trennmittelrückständen**.

Bei kleineren, partiellen Flecken kann die Bügeleisenmethode über Löschpapier zum Erfolg führen, sofern man nicht – bei größerem Fleckenanteil – auf eine Fluatschaumwäsche zurückgreift. Im letzteren Fall sollte man sich – am besten vom wäsche zurückgreift. Im letzteren Fall sollte man sich – am besten vom Trennmittelhersteller – fachlich beraten lassen.

Die Industrie liefert ein umfangreiches Programm an Produkten zum Entfernen von Trennmitteln, mit dem Vorteil, dass es sich um die gleichen Firmen handelt, welche auch für die entsprechenden Entschalungsmittel verantwortlich zeichnen.

Anders im Zusammenhang mit **Phenolverfärbungen**.

Wie bereits erwähnt, sind die Einflussfakten des unzureichend ausgehärteten Harzes Alkalität, UV-Strahlung und Wärme des meist hochwertigen Betons.

Ochsenaugentest

Im Zusammenhang mit hochwertiger Sichtbetonforderung – ggf. mit Weißzement – kann es zweckmäßig sein, die zur Anwendung kommenden, filmvergüteten Sperrholzschalungen einem sogenannten „Ochsenaugen-Test" zu unterziehen. Bei dieser partiellen Untersuchung wird eine kleine Glashalbschale (Ø ca. 23 mm – „Ochsenauge") mit 3 %-iger Natronlauge gefüllt, ein Muster der Schalung aufgelegt und beides um 180° gedreht.

Auf diese Weise wird eine kreisrunde Schalungsfläche mittels Lauge mit einem pH-Wert von ca. 13 – etwa dem frischen Beton entsprechend – chemisch bez. der Alkalibeständigkeit geprüft. Nach ca. 12-stündiger Einwirkung darf seitens der Natronlauge keinerlei Braunfärbung festzustellen sein. Die Praxis hat gezeigt, dass – besonders an vertikalen Betonflächen – Braunverfärbungen durch Ablauf der Schwitzwasserbildungen an zuvor gelöster Schalung meist partiell auftreten. Mit anderen Worten sind nur einzelne Bereiche der Schalung reaktionsfähig, die äußerlich diesbez. nicht ausgemacht werden können.

Um ggf. auf der „sicheren Seite" zu bleiben, kann es zweckmäßig sein, eine größere Schalungsfläche auf ihre Alkaliresistenz im Labor zu prüfen.

Zu diesem Zweck kann es nützlich sein, eine etwa einen Quadratmeter große Plattenfläche zu wählen, mittels schnell bindendem Gips eine Wanne zu formen und entweder stark erwärmten Weißbeton (Beheizen der Zuschläge und des Zugabewassers) oder erwärmte, ca. 3 %-ige Natronlauge für ca. 24 Stunden einwirken zu lassen, wobei die erwärmte Flüssigkeit im zeitlichen Abstand aufzuwärmen ist.

Nach Abschluss dieser Maßnahme ist – im Falle einer Braunverfärbung – der evtl. Phenolgehalt zu bestimmen bzw. sind andere Inhaltsstoffe zu analysieren.

Sofern beim Ausschalen sichtbare Braunsubstanzen erkennbar sind, bietet sich die Möglichkeit der Analysierung mittels Eisen(III)-chlorid als Indikator, wobei im Falle unausgehärteten Phenols – je nach Harzart – Verfärbungen vom Gelb-Braun in Dünkelgrün, Blauviolett usw. auftreten können, die dann einer fachlichen Beratung bedürfen.

Jedenfalls sind Betonschalungen diese Art nicht einzusetzen und führen im Zusammenhang mit sichtbar bleibenden Betonflächen zu berechtigten Reklamationen.

Da sich Braunverfärbungen dieser Art – im Gegensatz zu überdimensioniert aufgetragenen Trennmitteln mit Struktureinwirkung – auf die Betonoberfläche beschränken, kann ihre Beseitigung erfahrungsgemäß mechanisch, also z. B. mit FOAM-Glas erfolgen, bedeutet dann allerdings eine mögliche Grautonbeeinträchtigung, der man ggf. durch Hydrophobierung der gesamten Fläche begegnen muss.

Chemische Beseitigungsmöglichkeiten ergeben sich auf der Basis von Wasserstoff-Superoxyd oder im Zusammenhang mit Natronlauge, wobei wiederum Gefahr des Abwanderns in das Betongefüge besteht.

Braunverfärbungen müssen keinesfalls immer auf Phenoleinwirkungen zurückzuführen sein, im Gegenteil zeigen sich z. B. Korrosionseinflüsse, verursacht durch kurzfristig aufliegende rostige Bewehrungen auf trennmittelklebenden Schalungen öfters. Auch gelbliche Farbflecken können auf unsachgemäße, funktionswidrige Trennmittel zurückzuführen sein.

Eine vierte Farbvariante, die wiederum auf die Schalung selbst bezogen sein kann, ergibt sich, wenn auch relativ selten, im Zusammenhang mit Holzinhaltstoffen. Ggf. wurden hier Furniere – meist Exoten – im Deck- oder auch Mittellagebereich verarbeitet, die nicht alkaliresistent sind.

Da hochwertige Sperrholzschalungen fast immer filmvergütet, die Platten also zunächst holzseitig gegenüber dem Beton geschützt sind, kann es, je nach Einsatzart zehn und mehr Verwendungen dauern, bis in mechanisch verschlissenen Bereichen, an Heftstellen oder auch im Fugenbereich, bräunliche Verfärbungen in Erscheinung treten. Eine grundlegende Analyse ist kaum möglich, und es bietet sich für den Praktiker – neben der Konsultation eines holztechnologischen Instituts – in eigener Regie nur die Möglichkeit, Schalungsplattenstücke im Labor über ca. 24 Stunden einem heißen ca. 3 %-igen Natronlaugebad auszusetzen, ggf. auch den Verleimungstest nach DIN 53 255 [1.49], am besten gleichfalls unter Verwendung einer alkali-aktiven Flüssigkeit durchzuführen.

Erfahrungsgemäß zeigen sich dann ähnliche Braunverfärbungen und es bedarf einer Kontaktaufnahme zum Hersteller der Schalung.

Die Ursachen können u. a. von unausgehärteten Phenolvergütungen, -verleimungen, aber auch aus dem Bereich der Holzinhaltsstoffe abzuleiten sein.

In jedem Falle scheint es sinnvoll zu sein, sich fachlich beraten zu lassen.

Fleckenbildungen unter Einfluss filmvergüteter Sperrholzschalungen sind normwidrig, wobei es in DIN 68 791-2 Abs. 5.7 [1.53] bez. der Oberflächenbeschaffenheit u. a. heißt: „Oberflächenvergütungsmittel (z. B. Harze, Filme, Folien) müssen innig und vollflächig mit den Deckfurnieren der Sperrholzschalungen verbunden sein."

Die Oberflächenvergütungsmittel dürfen nicht

a) den Abbindeverlauf des Zementes verändern

b) den Härteprozess des Betons beeinflussen

c) die üblichen Grautonabstufungen des Betons farblich verändern.

Im gleichen Zusammenhang stellt sich gegenüber den Filmvergütungen hochwertiger Sperrholzschalungen die Frage nach der praxisbezogenen Rissbeständigkeit, wie sie u. a. Bestandteil des Leistungstests war.

In dem o. a. Abs. 5.7 DIN 68 791-2 [1.53] heißt es abschließend „Schalungsplatten unterliegen physikalischen und chemischen Gesetzmäßigkeiten, die dazu führen können, dass durch äußere Einflüsse bedingte Veränderungen, wie z. B. Quellungen und Schwindungen, feine Risse auftreten können."

Differenziert man den Bergriff „fein" in diesem Zusammenhang, so sind davon Schalungsplattenrisse betroffen, die im spiegelbildlichen Sinne keinerlei Spachtelarbeiten auf der Oberfläche notwendig machen bzw. das äußere Erscheinungsbild der Betonfläche nicht störend beeinträchtigen.

3.7 Kunststoff-Schalung

Kunststoff-Schalungen sind – von Ausnahmen abgesehen – für Sichtbeton, sprich gestaltende Betonflächen, vorgesehen und haben, marktbezogen, einen verschwindend geringen Umsatzanteil.

Bereits seit 20 Jahren wird versucht, ein qualitativ gleichwertiges Produkt zur Sperrholzplatte auf den Markt zu bringen. Bisher finden v. a. Kombinationen aus Kunststoff mit Sperrholz oder Aluminium Verwendung. Die Kombination mit Sperrholz kann allerdings durch eindringende Feuchtigkeit zu einer Wellenbildung führen.

Aus diesem Grunde erübrigt es sich, im einzelnen auf technische und kommerzielle Details einzugehen und es, von Fall zu Fall, dem Verarbeiter - in Anlehnung an die Leistungsbeschreibung der **Betonfläche** und mit Hinweis auf das entsprechende Schalungs-Fabrikat – zu überlassen, sich über die jeweiligen Verarbeitungsrichtlinien in Kenntnis zu setzen.

Nachstehend diesbez. und materialbezogen alle geläufigen Kunststoff-Schalungen, wie sie als Platten oder Matrizen im Handel sind:

3.7.1 Glas-Faser-Kunstharz-Schalung

Kurz GFK genannt, die als manuell ggf. in Eigenleistung zu erstellende Formschalung praktisch unbegrenzte Möglichkeiten bietet. Die Fertigung von GFK-Schalungen, die u. U. an Spezialfirmen vergeben werden kann, bedarf einer Reihe räumlicher, klimatischer und maschineller Voraussetzungen, ohne die eine Qualitätsleistung nicht möglich ist.

GFK-Schalungen sind im Sinne des Wortes „Dauerschalungen“ und finden – von Einzelfällen mit Planmaterial abgesehen – ausschließlich Verwendung im Fertigteilbereich, praktisch mit „unbegrenzter“ Einsatzhäufigkeit.

GFK-Schalungen sind kostenträchtig und setzen, sofern man nicht „tief in die Tasche“ greifen will, entsprechende Serien voraus. Kostenhinweise sind nur objektbezogen möglich. Anwendungstechnische Informationen sind unumgänglich.

Die Trennmittelbehandlung erfolgt mit chemisch reagierenden Mitteln.

3.7.2 Polysulfid-Schalung

Elastische Struktur-Schalungen mit vorbestimmbarer Formgestaltung, unter Zugrundelegung eines Originalmodells.

Die Einsatzhäufigkeit liegt bei 30-50 Anwendungen. Es ist keine Trennmittelbehandlung erforderlich.

3.7.3 Polyurethan-Matrizen (PU-Matrizen)

Durch die Verklebung der PU-Matrizen mit der Schalung werden hohe Einsatzzahlen bis zu 100 Einsätzen erreicht.

Je nach Anbieter liegt der Preis somit zwischen 70 €/m² und 220 €/m².

3.7.4 Polystyrol-Schalung

Im Gegensatz zu den o. a. Typen handelt es sich hier um eine industriell vorgefertigte, geschäumte Kunststoff-Schalung.

Diese gewichtsmäßig sehr leichten Struktur-Platten können in einer einfachen, preiswerteren Qualität – ohne spezielle Oberflächenvergütung – als sog. „Einmalschalung" mit schützender Funktion gegenüber der geschalten Sichtbetonfläche – ggf. bis zum Ende des Bauwerks – im Ortbetonbereich oder als „Mehrfachschalung" mit einer Verwendungszahl von etwa 1 bis 5 Verwendung finden. In diesem Sinne ist die „Mehrfachschalung" auch für kleinere Serien in der Fertigteilproduktion zu gebrauchen.

Weitere Angaben, technisch wie kommerziell, sind bei den Herstellern anzufragen.

3.7.5 Gummi-Schalung

Gummi-Schalungen aus Polypropylen-Silikonkautschuk sind in die Gruppe der Kunststoff-Schalungen einzureihen, wobei es des Hinweises bedarf, dass es sich hier – z. B. als Aufpumpschalung – um Schalungen handelt, die technischen Funktionen dienen und diesbez. Spezialschalungen darstellen.

Die Einsatzhäufigkeit liegt bei bis zu 50 Anwendungen.

Weitere Angaben bitte vom Hersteller anfordern.

Es ist keine Trennmittelbehandlung erforderlich.

3.7.6 Hartschaumstoff-Matrizen

Diese Art der Kunststoff-Schalung wird als Einwegmatrize in die Schalung eingestellt.

Aufgrund dünner Folien wird das Ausschalen erheblich erleichtert und es kann auf Trennmittel nahezu verzichtet werden.

3.8 Stahl-Schalung

Klammert man die Stahltisch- und Plattenschalungen der Fertigherstellung einmal aus, haben wir es im Ortbetonbereich entweder mit starren Systemschalungen oder mit Blecheinheiten – meist für einen Einsatz - zu tun.

Bei den Systemen handelt es sich um Raum-, Wand- oder Stützenschalungen, deren Wirtschaftlichkeit in der möglichen Vielzahl annährend gleicher Verwendungen liegt.

Systemschalungen aus Stahl gehen davon aus, dass gegenüber den zu erstellenden Betonflächen funktionelle technische Forderungen, z. B. Streich-, Tapezier- o. ä. Einheiten, gestellt werden.

Die hier möglicherweise anfallenden konstruktiven „Nähte" bleiben ebenflächig innerhalb der Toleranznormen, im Sinne „oberflächenfertiger" Rohbauleistungen.

Die Einsatzhäufigkeit liegt bei bis zu 500 Anwendungen.

Es erfolgt eine Trennmittelbehandlung mit Öl oder chemisch reagierenden Mitteln.

Als Alternative zur starren Stahl-Systemschalung kennen wir leichtere Blechschalungen – sog. Wickelgamaschen im Stützenbereich – sie werden als Rippendeckenschalungen u. ä. für Systemdecken sowie im Tunnel- und Schachtbau verwendet.

In allen diesen Fällen ist es zweckmäßig, sich wegen kommerziellen und technischen Fragen unmittelbar mit dem Hersteller abzustimmen.

Abb. 3.8 – 1: Stahlschalung mit geschweißter Eckverbindung

4 Zubehörmaterialien zur Betonschalung

4.1 Trennmittel

4.1.1 Allgemeines

Trennmittel sind Schalungs-Hilfsstoffe, deren Aufgaben es sind,

a) den Ausschalungsvorgang durch Haftverminderung zu erleichtern

b) zur Konservierung und zum Schutz der Schalung beizutragen

c) bei Sichtbeton deren optische Einheitlichkeit zu fördern.

Die Wirkungsweise der Trennmittel kann rein physikalisch und/oder chemisch erfolgen. Ausschlaggebend für den Trennmittel-Typ ist vorrangig der Schalhautcharakter bzw. der Eigenschaften saugend bzw. nicht saugend.

Zur Gruppe der saugenden Schalungen gehören in erster Linie unvergütete Massivhölzer, abgestuft nach ihrer Oberflächenbeschaffenheit, also sägerau, gehobelt und mechanisch vorbehandelt, also profiliert, rohe Span- und Sperrholzplatten, unterschieden nach strukturellem bzw. konstruktiven Aufbau und Holzart.

Dreischichtenplatten gehören erfahrungsgemäß, auch wenn sie imprägniert sind, zur saugenden Schalung.

Entscheidend ist somit die Oberflächenstruktur der Schalhaut im Zusammenspiel mit ihrer Eigenfeuchte, die beide den Bedarf an Trennmitteln im physikalischen Sinne vom Trägermaterial her bestimmen.

Demgegenüber steht die Aufgabenstellung des Trennmittels, besonders im Zusammenhang mit chemisch reagierenden, also hydratationsstörenden Erzeugnissen, bei denen anwendungstechnisch eine bestimmte Menge gefordert wird.

Bei oberflächenvergüteten, nicht saugenden Schalungen ist deren materialbedingter Anspruch verarbeitungsmäßig überschaubar, bei saugenden nicht oder nur bedingt.

Demzufolge ist es bei saugenden Schalungen unumgänglich, über die Bestimmung bzw. die Einflussnahme der Eigenfeuchtigkeit – z. B. durch Besprühen und Nasshalten – den Feuchtigkeits- und damit Trennmittelbedarf vorbeugend einzuengen.

Qualitätsbestimmende Merkmale der Trennmittel sind:

a) **Tixotropie,**

d. h. sie sollen beim Auftrag – besonders im Zusammenhang mit nicht saugenden Schalungen – nicht ablaufen,

b) **Hydrophobie,**

d. h. eine möglichst langfristige, wasserabweisende Wirkung bieten,

c) **Klebarmut,**

d. h. vom Material her eine kurzfristige Abtrocknung sicherstellen, also Verdunsten des Trägers.

Alle drei Grundmerkmale gemeinsam gewährleisten schalungstechnologisch und damit im spiegelbildlichen Sinne gegenüber der zu erstellenden Betonfläche die gewünschte Leistung, also

1. leichtes Ausschalen,
2. geringstmögliche Zementleimrückstände auf der Schalhaut,
3. einheitlicher Grauton, seitens des Vermehlungsgrades bei chemisch reagierenden Materialien.

Entsprechende Eignungsversuche lassen sich, bez. der o. a. Eigenschaften, mittels schräg gestellter Glasplatte durchführen, wobei neben den drei anwendungstechnischen Qualitätsmerkmalen auch evtl. Farbbeeinflussungen zu erkennen sind.

Trennmittel müssen grundsätzlich alkaliresistent sein, genau wie ihre Träger.

Bei diesbez. Eignungsversuchen kann es zweckmäßig sein – besonders im Zusammenhang mit phenolbefilmten Holzwerkstoffplatten – den sog. „Ochsenaugentest" (siehe Kapitel 3) mittels der Originalschalhaut **und** dem Trennmittel durchzuführen.

Bei den Eignungsversuchen bleibt es dem Prüfer überlassen, sich praxisbezogener, eigener Ermittlungen bez. der o. a. typischen Eigenschaften zu bedienen oder ggf. die mehr oder minder theoretischen Laborversuche heranzuziehen, wie sie vom Arbeitskreis Trennmittel des Deutschen Beton-Vereins als Empfehlung wie folgt zusammengestellt wurden:

4.1.2 Prüfungen und Anforderungen

Probeentnahme

Einzelproben werden, je nach Untersuchungszweck, durch einmalige Entnahme gewonnen, und zwar entweder aus unterschiedlichen Schichten eines in ausreichender Zeit ohne Erschütterung gelagerten, Liefergebindes oder aus der Mitte des vor Entnahme durchgemischten Inhaltes eines Liefergebindes.

Durchschnittsproben bestehen aus mindestens drei Einzelproben. Eine Einzelprobe kann als Durchschnittsprobe gelten, wenn angenommen werden darf, dass das Prüfgut homogen ist.

Die Probemenge sollte etwa ein kg oder einen Liter betragen.

Als Gerät für die Probeentnahme werden für flüssige Trennmittel der offene Stechheber (DIN 51 750-2 Abs. 2.1.1 [1.45]) sowie für pastöse Trennmittel entweder bei Entnahme aus verschiedenen Schichten der schrauben-, rinn- oder hülsenförmige Probestecher (DIN 51 750-3, Abs. 2.1.2 bis 2.1.4 [1.46]) oder bei Entnahme von Oberschichtproben die rostfreie Spachtel verwendet.

Als Probebehälter sind fest verschließbare Blechdosen oder Weithals-Glasflaschen oder Behälter aus Porzellan, Steingut oder geeignetem Kunststoff erforderlich.

Der Probebehälter ist nach der Probeentnahme luftdicht zu verschließen und zu kennzeichnen.

Aus der Kennzeichnung müssen ersichtlich sein:

- Hersteller, Lieferant und Zeitpunkt der Lieferung,
- Chargen-Nr. und Liefermenge, Ort, Probeentnehmer und Datum,
- Zweck der Probeentnahme (Prüfung, Rückstellprobe),
- Art und Nummer der Probe,
- Identität,
- Prüfverfahren,
- Dichte.

Bei flüssigen Trennmitteln wird die Dichte nach DIN 51 757 [1.47], bei pastösen Trennmitteln mit einem bestimmten Pyknometer bestimmt.

Viskosität

Bei flüssigen Trennmitteln wird die Viskosität entweder nach DIN 51 562 [1.40 – 1.43] (Ubbelohde-Viskosimeter) oder nach DIN EN ISO 2431 [1.12] (Ford-Becher), bei pastösen Trennmitteln nach DIN ISO 2137 [1.11] (Bestimmung der Konus-Penetration mit dem Viertel-Konus) bestimmt.

Neutralisations- und Verseifungszahl

Die Neutralisationszahl wird nach DIN 51 558 [1.35 – 1.37], die Verseifungszahl nach DIN 51 559 [1.38 – 1.39] bestimmt.

Abdampfrückstand

Die Ermittlung der flüchtigen Bestandteile oder des Abdampfrückstandes dient der Kontrolle der Gleichmäßigkeit. Vergleichbare Werte zur Prüfung der Identität können nur bei genauem Einhalten der Prüfbedingungen erreicht werden, weil neben Lösungsmitteln oder Wasser über einen weiten Bereich auch flüchtige ölige Anteile vorhanden sein können.

Es sind je 10 Gramm aus der Probe in Schalen mit einem Durchmesser von etwa 130 mm und einer Randhöhe von etwa 15 mm einzuwiegen und bei + 120 °C im Trocknungsschrank 300 Minuten zu belassen.

pH-Wert

Öl-in-Wasser-Emulsionen werden unter Rühren mit dem pH-Messer elektronisch gemessen. Bei flüssigen Trennmitteln aller Art ist die Bestimmung des pH-Wertes nicht sinnvoll.

Prüfverfahren in Sonderfällen

In besonderen Fällen können ergänzende Prüfungen weitere Aufschlüsse ergeben, z. B. Infrarot-Spektroskopie, UV-Spektroskopie, NMR-Spektrographie (Nuklear magnetische Resonanz-Spektrographie), Aschebestimmungen nach DIN 51 575 [1.44] und die Gas-Chromatographie.

Trennmittel gelten als identisch, wenn sich bei deren Prüfung gem. Abschnitt 3.1.2.2 Unterschiede innerhalb der Grenzen aus **Tabelle 8**, Kapitel 7 ergeben.

4.1.3 Eignung und Wirksamkeit

4.1.3.1 Allgemeines

Unter Eignung soll hier die grundsätzliche Beurteilung der Verwendbarkeit verstanden werden, unter Wirksamkeit die Eignung für bestimmte Anwendungsgebiete mit dem Zusammenspiel von Trennmittel, Schalung und Beton bei bestimmten äußeren Bedingungen.

Die meisten Anforderungen an die Eignung sind vergleichsweise objektivierbar. Die zugehörigen Prüfverfahren sind im Abschnitt 4.1.3.2 aufgezählt, die Anforderungen im einzelnen im Abschnitt 4.1.3.3, Eignungsprüfungen, für die gegenwärtig noch keine Anforderungen formuliert werden können, sind im Abschnitt 4.1.3.4 und 4.1.3.5 beschrieben. Für eine Reihe von Eigenschaften zur Beurteilung der Wirksamkeit werden individuelle Prüfverfahren rein empirisch und in aller Regel nach subjektiven Gesichtspunkten in den Laboratorien der Bauunternehmungen, auf Baustellen und in Betonwerken praktiziert.

Derartige, im Abschnitt 4.1.3.6 aufgeführte Verfahren sind auf die Verhältnisse des Einzelfalls abzustellen.

Die Ergebnisse sind i. a. erfahrungsgemäß bereits bei Änderung auch nur einer Einflussgröße nicht mehr übertragbar. Daher können gegenwärtig auch noch keine Anforderungen allgemeingültig formuliert werden.

4.1.3.2 Verfahren für die Prüfung der Eignung

Lagerfähigkeit

Trennmittel sollen längere Zeit lagerfähig sein.

Die Proben werden in Standardzylinder eingefüllt, die Zylinder verschlossen und bei 20 °C +/- 3 °C unter Lichtausschluss sowie ggf. unter Berücksichtigung diesbez. Angaben des Herstellers gelagert.

Während der Lagerzeit ist in angemessenen Zeitabständen zu prüfen, ob sich Flockungen, Absetzerscheinungen oder sonstige Inhomogenitäten zeigen.

Für die Verwendung bei extremen Temperaturen (Abschnitt 4.1.3.5) können entsprechend höhere Anforderungen gestellt werden.

Die Viskosität, das Trocknungsverhalten und ggf. die Emulgierbarkeit sollen gegenüber den Ausgangswerten nicht merklich verändert sein.

Emulgierbarkeit und Emulsionsstabilität

Die Emulsion ist nach Angabe des Herstellers zu bereiten. In angemessenen Zeitabständen ist zu prüfen, ob Instabilität (Entmischung, Aufrahmung) eingetreten ist.

Wirkung bei Fehldosierung

Die Unterschreitung der erforderlichen Auftragsmenge (Abschnitt 4.1.3.6) bedarf nicht der Prüfung, weil dabei (außer ggf. einer Minderung der Trennwirkung) keine vom Trennmittel herrührende Mängel auftreten.

Bei Überschreitung der Dosierung kann die Betonfläche Mängel aufweisen; zu deren Erkennung ist die folgende Prüfung geeignet:

Eine Schalungsfläche von mindestens 50 x 50 cm wird mit einer Leiste halbiert. Auf eine Hälfte der Schalungsfläche wird die empfohlene Auftragsmenge, auf die andere mindestens das Zweifache aufgetragen.

Nach der für den empfohlenen Auftrag erforderlichen Ablüftzeit (siehe Abschnitt 4.1.3.6) wird der Beton in die Schalung gebracht und verdichtet.

Der Probekörper kann stehend oder liegend hergestellt werden. Nach dem Ausschalen werden beide Flächen nach Augenschein beurteilt, z. B. hinsichtlich Flecken, Abmehlen, Porenhäufigkeit, Rückstände von Zementstein auf der Schalung oder von Trennmittel auf dem Beton.

Regenfestigkeit

Ein Teil der Trennmittel neigt dazu, nach Auftrag auf die Schalung bei Zutritt von Wasser (z. B. Niederschlag, Sprühwasser) zu emulgieren oder bei bereits gebrochener Emulsion zu reemulgieren.

Dadurch wird die Trennwirkung vermindert.

Trennmittel mit hohem Haftvermögen auf der Schalung halten einem Regen länger stand als solche mit geringem Haftvermögen. Drei jeweils mindestens 20 x 20 cm große Prüfflächen werden nach Herstellervorschrift mit dem zu prüfenden Trennmittel behandelt und unter 45 ° schräg geneigt aufgestellt.

Nach der Ablüftzeit werden aus drei nebeneinander über jeder Prüffläche angeordneten Tropfdüsen je 100 Wassertropfen binnen 3 Minuten aus 20 cm Fallhöhe so aufgetropft, dass die Tropfen jeweils auf dieselbe Stelle fallen. Sodann wird die Schalungsprobe waagerecht gelegt und auf die Prüffläche Zementmörtel (1 GT PZ 35 F, 3 GT Sand 0/2 mm, WZ-Wert 0,55) 3 cm dick aufgetragen.

Der Mörtel wird auf dem Vibrationstisch nach DIN 51 064 [1.34] verdichtet.

Nach 24 Stunden wird ausgeschalt und die Schalungsfläche der Mörtelprobe nach Augenschein beurteilt.

4.1.3.3 Anforderungen an die Eignung

Trennmittel gelten hinsichtlich der jeweiligen Eigenschaften als geeignet, wenn bei der Prüfung gem. Abschnitt 4.1.3.2 die Anforderungen gemäß **Tabelle 9**, Kapitel 7 eingehalten werden:

4.1.3.4 Rückstände des Trennmittels im Bereich der Betonfläche

Rückstände von Trennmitteln im Bereich der Betonfläche können deren Aussehen als Sichtbeton oder deren Eignung als Untergrund für die Leistungen der Ausbaugewerke (z. B. für Anstriche, Beschichtungen, Tapezierungen, Putze oder Beläge anderer Art) nachteilig beeinflussen.

Die in den einschlägigen ATV-Normen der VOB-C [1.27] festgelegten Anforderungen an den Untergrund (hier: aus Beton) sind sehr unterschiedlich.

Die im Folgenden genannten Untersuchungen können an den Probekörpern gem. Abschnitt 4.1.3.6, an solchen anderer Art oder am Betonbauteil ausgeführt werden.

Proben sind entweder bei Raumklima oder unter Baustellenbedingungen zu lagern.

Für vergleichende Prüfungen empfiehlt sich die Herstellung von Beton der folgenden Zusammensetzung:

330 kg/m^3 PZ 35 F, Kiessand Sieblinie AB 16, Konsistenz K 3 mit Ausbreitmaß 42 cm +/- 2 cm.

Augenscheinliche Beurteilung

Die Dunkelfärbung und ein hoher Durchfeuchtungsgrad der Zementhaut des Betons können dessen verzögerte Festigkeitsentwicklung sowie die Möglichkeit anzeigen, dass durch chemische Reaktion zwischen Trennmittelrückständen und dem Werkstoff des Ausbaugewerkes die Haftung (Adhäsion) erschwert oder verringert wird.

Abmehlneigung

Beim Wischen mit dem Finger über die Betonfläche (Wischprobe) zeigt die Graufärbung des Fingers das Abmehlen von nicht eingebundenen Zement- und Zementsteinpartikeln an.

Auch kann die Betonfläche mit gleichmäßigem Anpressdruck mit einem vorher abgewogenen Selbstklebeband beklebt, der Streifen wieder abgezogen und die Gewichtszunahme ermittelt werden.

Die bei frisch ausgeschaltem Beton auftretende Abmehlneigung kann mit der Zeit abklingen. Daher sollte frühestens nach 14 Tagen geprüft werden. Proben sind vorher unter Baustellenbedingungen zu lagern.

Eine geringe Abmehlung ist unbedenklich, eine stärkere kann anzeigen, dass der Haftverbund mit dem Werkstoff des Ausbaugewerkes erschwert ist.

Die Neigung zum Entstehen von als Ausblühen bezeichneten weißlichen Verfärbungen auf jungen Betonflächen kann durch die Ausschalfrist, durch die Witterungsbedingungen in der ersten Zeit nach dem Ausschalen und/oder durch das verwendete Trennmittel beeinflusst werden.

Benetzbarkeit

Wo Haftverbund beabsichtigt ist, dürfen die Rückstände des Trennmittels die Betonfläche nicht hydrophobieren, aufgebrachte Wassertropfen nicht abperlen.

Das Abperlen kann auch andere Ursachen haben.

Aufgebrachte Wassertropfen sollen sich allmählich auf dem Beton ausbreiten und langsam von ihm aufgesaugt werden (Benetzungsprobe).

Haftverbund

Die Prüfungen gemäß können für den Haftverbund zwischen der Betonfläche und den Werkstoffen der Ausbaugewerke nur einen groben Anhalt geben.

Für vergleichende und eingehende Untersuchungen empfiehlt sich, auf die beim Prüfverfahren nach Abschnitt 4.1.3.6 mit Trennmittel versehene Oberfläche des vorher im Raumklima (23 °C, 50 % rel. Luftfeuchte) gelagerten Probekörpers sieben Tage nach dem Abziehen den im Einzelfall vorgesehenen Belag aufzubringen und dabei, je nach Werkstoff, wie folgt zu verfahren:

Zementputz und Ansetzmörtel für die Verfliesung im Dickbett: Ein Kunststoffring (Höhe 1,5 cm, Durchmesser 80 mm) wird liegend befestigt, der Mörtel mit dem W/Z-

Wert 0,60, im übrigen als Normenmörtel nach DIN EN 196-1 [1.1] hergestellt und in der Spachteltechnik eingebaut; die Oberfläche wird mit dem Holzbrett abgerieben, wobei der Rand des Rohrringes als Lehre gilt:

Gipshaftputz sowie die entweder zementgebundenen kunststoffmodifizierten oder durch Kunstharz in Dispersionsform gebundenen Mörtel für Verfliesung im Dünnbettverfahren sowie für Beschichtungen und Dünnbeläge aller Art werden 5 mm dick in der Spachteltechnik oder in anderer geeigneter Weise aufgetragen.

Die Proben werden jeweils bei Raumklima aufbewahrt und nach 28 Tagen auf Haftzug gem. Abschnitt 4.1.3.6 geprüft.

4.1.3.5 Eignung für die Anwendung bei extremen Temperaturen

Bei Temperaturen über + 30 ° und unter + 5 ° soll die Verarbeitbarkeit und Wirksamkeit der Trennmittel erhalten bleiben.

Das Trennmittel darf nach dem Aufbringen auf die vorgewärmte Schalung nicht zu schnell trocknen, weil sonst der Trennfilm entweder ungleichmäßig dick oder zu dünn bzw. zu dick wird. Das Trennmittel muss bei der jeweils höchstmöglichen Betontemperatur noch ausreichend wirken. Abschnitt 4.1.3.6.

Die Gebinde von Trennmitteln, die bei warmbehandeltem Beton eingesetzt werden können, sind entsprechend zu kennzeichnen.

4.1.3.6 Verfahren für die Prüfung der Wirksamkeit

Für Wirksamkeitsprüfungen sind stets Proben jener Schalungsart zu verwenden, für die das Trennmittel vorgesehen ist; die Betonzusammensetzung und die äußeren Bedingungen (z. B. Temperaturen, Ausschalfristen) sollen annähernd gleich bleiben.

Auftragsmenge und Auftragsdicke

Die im Einzelfall zweckmäßige Auftragsmenge kann von der im Typenblatt genannten Menge abweichen.

Zur Ermittlung wird das Trennmittel auf eine mindest 1 m² große Schalungsfläche aufgetragen und der Verbrauch durch Rückwiegen bestimmt.

Die Gleichmäßigkeit und Eignung der Auftragsdicke wird mit der „Daumenprobe" geprüft. Man streicht mit dem Daumen über das aufgetragene Trennmittel.

Bilden sich neben der Spur, die der Daumen im Trennmittel hinterlassen hat, Trennmittelansammlungen, so ist das Trennmittel zu dick aufgetragen. Die Methode lässt sich nur bei einer vergleichsweise glatten Schalungshaut durchführen. Anstelle des Daumens kann auch ein Hartgummiwischer verwendet werden.

Ablüftzeit

Lösungsmittelhaltige Trennmittel geben während der Ablüftzeit Lösungsmittel durch Verdunstung ab. Die Ablüftzeit hängt von der Auftragdicke, der Verdunstungszahl des Lösungsmittels, der Raumtemperatur und der Luftgeschwindigkeit sowie anderen Umwelteinflüssen ab.

Bei ungenügendem Ablüften kann der Dampfdruck zur Entstehung von Poren an der Betonfläche führen. Die Ermittlung der Ablüftzeit gibt einen Anhalt für die Größe der erforderlichen Zeitspanne zwischen Trennmittelauftrag und dem Betonieren.

Im Regelfall genügt eine Ablüftzeit von ca. 30 Minuten.

Im Bedarfsfall kann die genaue Zeitspanne in Anlehnung an DIN 53 170 [1.48] ermittelt werden.

Rostschutzwirkung bei Stahlschalung

Eine Prüffläche wird je zur Hälfte unbehandelt belassen (Nullversuch) bzw. nach Herstellervorschrift mit dem empfohlenen Trennmittel behandelt.

Die Probe wird bei 18 °C bis 22°C zur Hälfte in destilliertem Wasser abgedeckt gelagert. Zu protokollieren ist die Zeitspanne bis zum jeweils ersten deutlichen Rostansatz.

Wirksamkeitsdauer

Die Wirksamkeit des Trennmittels auf der Schalung soll möglichst lange erhalten bleiben, auch bei Regen, Sonne und anderen Einwirkungen. Zur Prüfung werden Proben der Schalung nach Herstellervorschrift mit dem Trennmittel behandelt und unter Einsatzbedingungen gelagert.

Die Wirksamkeitsdauer gilt als überschritten, wenn sich beim Versuch gem. Abschnitt 4.1.3.6 der Kraftaufwand für das Trennen wesentlich gegenüber dem festgestellten Mittelwert erhöht oder sonstige Mängel offensichtlich sind. Der Zeitabstand zwischen den einzelnen Prüfungen zur Ermittlung der Wirksamkeitsdauer richtet sich nach den Einsatzbedingungen.

Trennwirkung als Verringerung der Haftung zwischen Beton und Schalung

Um die Schalung vom Festbeton zu lösen, müssen Haftkräfte überwunden werden. Ihre Größe hängt von der Wirksamkeit des Trennmittels, der Art der Schalung und des Betons sowie der Ausschalfrist ab. Je geringer die Haftkräfte beim Ausschalen sind, desto weniger werden die Oberflächen des Betons und der Schalungshaut dabei nachteilig verändert.

Es ist ein mindestens 500 cm^2 großes Probestück der Schalung zu verwenden. Für Grundsatzversuche sind kunststoffvergütete, 15-fach verleimte Schalungen und Stahlblech von mindestens 5 mm Dicke zweckmäßig.

Auf die Schalungsplatte wird zentrisch ein 4 cm hoher, ringförmiger Abschnitt eines Kunststoffrohres mit Innendurchmesser 100 mm aufgelegt. Der Spalt zwischen dem Ring und der Schalung wird mit Einkomponenten-Dichtungsmasse auf Siliconbasis abgedichtet, in die eine Reißschnur eingelegt ist.

Nach dem Aushärten der Dichtungsmasse wird auf den vom Ring begrenzten Teil der Schalung das Trennmittel nach Herstellungsvorschrift aufgetragen; die Menge wird durch Rückwiegen ermittelt. Die Vorrichtung wird mit Überhang schräg gestellt, ein etwaiger Überschuss an Trennmittel mit einem Putzlappen entfernt.

Sodann wird die Vorrichtung auf dem Vibrationstische nach DIN EN 196-1 [1.1] befestigt. Der Versuch wird entweder als Nullversuch in einem geschlossenen Raum bei 18 bis 22 °C oder unter Baustellenbedingungen durchgeführt.

Beim Grundsatzversuch ist 24 Stunden nach dem Auftrag des Trennmittels, im Übrigen nach der doppelten Zeit, wie sie als Ablüftzeit gem. Abschnitt 4.1.3.6 ermittelt wurde, Normmörtel nach DIN EN 196-1 [1.1] mit dem vorgesehenen Zement als Bindemittel zunächst etwa 2 cm hoch einzufüllen und 30 Sec. lang zu verdichten; sodann ist randvoll einzufüllen und weitere 20 Sec. lang zu verdichten.

Nach dem Erhärten des Mörtels, frühestens 20 Stunden nach dessen Herstellung, ist die Fugenabdichtung durch Ziehen der Reißschnur vorsichtig abzulösen und auf die freie Oberseite des Probekörpers mit Acrylharz eine Abziehplatte ausreichender Dicke und Steifigkeit aufzukleben; die Verbindung ist i. a. nach einer Stunde ausgehärtet und belastbar.

Der Trennwiderstand ist 24 Stunden nach der Herstellung der Probe mit einem rechtwinklig zur Schalungsfläche wirkenden Abziehgerät zu ermitteln. Er kann erfahrungsgemäß bis 0,1 N/mm^2 betragen.

Die Betonfläche und die Schalung sind weitere 24 Stunden später nach Augenschein zu untersuchen. Die Betonfläche soll frei von Flecken, Verfärbungen, Poren und Lunkern sowie von Rückständen des Trennmittels und der Schalungshaut (z. B. Holzfasern) sein; sie soll nicht abmehlen oder versanden; die Schalung soll frei von Zementstein und unverletzt sein.

Wegen der kleinen Prüffläche berechtigt das Ergebnis der Prüfung nicht zu Aussagen im Sinne von Abschnitt 4.1.3.3 über die Eignung des Trennmittels.

4.1.4 Gegenwärtige noch nicht prüffähige Eigenschaften

Bei vielen Bauteilen muss das Trennmittel vor dem Bewehren aufgetragen werden und wird danach, z. B. durch Begehen der Schalung, mechanisch beansprucht.

Die Widerstandsfähigkeit gegen diese Beanspruchung ist nicht prüfbar.

Bei einer Reihe anderer als nachteilig beurteilter Erscheinungen im Bereich der ausgeschalten Betonfläche steht die Verursachung mit dem Trennmittelauftrag entweder nur mehr in losem Zusammenhang oder wird fälschlich mit ihm verknüpft. Manche Trennmittel können bei Hautkontakt Allergien hervorrufen.

Die Rückstände der Trennmittel auf dem Beton müssen z. B. bei Trinkwasserbehälter-Bauwerken physiologisch unbedenklich sein. Die Art der Untersuchung richtet sich gleichfalls nach den Verhältnissen.

4.1.5 Prüfung beim Hersteller

Für die Eigenüberwachung hat der Hersteller die Trennmittel ständig auf ihre gleichbleibenden stofflichen Eigenschaften zu untersuchen – gem. Abschnitt 4.1.2.

Für die Prüfung der Eignung und Wirksamkeit hat der Hersteller die Prüfungen gem. Abschnitt 4.1.3 zeitlich vor der Einführung des Trennmittels auf dem Markt durchzuführen und sodann in Zeitabständen von einem Jahr zu wiederholen. Hierüber sind jeweils Aufzeichnungen zu machen und fünf Jahre aufzubewahren.

4.1.6 Prüfung beim Abnehmer

Der Abnehmer prüft bei der Abnahme der einzelnen Gebinde einer bestimmten Lieferung i. a. nach Augenschein.

Es empfiehlt sich, Rückstellproben zu entnehmen und aufzubewahren, damit sie bei Zweifeln oder Schäden zur Überprüfung der Identität mit dem entsprechenden Herstell-Muster dienen können.

Der Abnehmer sollte Eignungsprüfungen in Anlehnung an Abschnitt 4.1.3 unter den jeweiligen äußeren Bedingungen durchführen, hierüber Aufzeichnungen machen und diese aufbewahren.

Beim Trennmittel sind die Auftragsmenge, die Art und der Zeitpunkt des Auftrags, die Betonzusammensetzung sowie die einschlägigen Umweltbedingungen zu protokollieren.

Bereits vorliegende Erfahrungen können die Eignungsprüfungen oft nicht ersetzen, weil die Wirkung der Trennmittel von zahlreichen Einflussgrößen bestimmt wird und die Änderung einzelner Umstände zu wesentlich anderen Ergebnissen führen kann.

4.1.7 Anwendungstechnische Wirkung der Trennmittel

Wie auch immer man Trennmittel nach Material und Anwendung einstufen mag und ob man sich des Aufwandes einer Laborprüfung unterzieht, entscheidend ist die anwendungstechnische Harmonisierung zur Schalung selbst.

Mit anderen Worten muss es darum gehen, das technisch zweckmäßige Trennmittel für die Schalungshaut zu wählen, die sich – bezogen auf die ausgeschriebene Betonfläche – auftragsgemäß ergibt.

Unter diesen Gesichtspunkten stehen zwei Grundschalungs-Typen, nämlich mehr oder minder saugende den oberflächendichten, nicht saugenden einer Reihe unterschiedlich beschaffener und zu verarbeitender Trennmittel entgegen. Bei den Trennmitteln, oder auch Entschalung- bzw. Antihaftmitteln unterscheiden wir gem. **Tabelle 10**, Kapitel 7: Die Wirkungsweise der unterschiedlichen Trennmittel-Typen sollte objektentsprechend die Wahl des jeweiligen Materials bestimmen, wiederum ausgehend von der Beschaffenheit der Schalungshaut.

Dabei haben wir es generell mit zwei Effekten zu tun, nämlich der physikalischen oder chemischen bzw. der Verbindung beider Wirkungen.

Physikalische Wirkungsweise:

Hier wird, sei es durch Flüssigkeit, bei der i. a. Lösungsmittel die Viskosität bestimmen, oder pastösem Material, eine Filmhaut auf der Schalungsoberfläche geschaffen, welche die unmittelbare strukturelle Verbindung zwischen Schalung und Beton verhindert.

Wichtig ist bez. der geforderten Trennleistung die Notwendigkeit, dass das Trennmittel, sei es vom Material her oder infolge Überdimensionierung, keinen Klebeeffekt auslöst.

Mit anderen Worten spielen Dosierung des Auftrags – „weniger ist mehr" – und Ablüftung des Entschalungsmittels sowohl bez. evtl. Porenbildungen als auch Zementleimrückstände an der Schalung die entscheidende anwendungstechnische Rolle. Die Praxis lässt immer wieder erkennen, dass Trennmittelaufträge zu reichlich ausfallen und die sich daraus ergebenden Klebewirkungen unterschiedlich nachteilig für die Betonfläche sind, von evtl. Verfärbungen ganz abgesehen.

Diesbezüglich erscheint es durchaus ratsam, sich interner Eignungsprüfungen zu bedienen, ggf. in Anlehnung an die Empfehlungen des Beton-Vereins und grundsätzlich bezogen auf die zur Anwendung kommende Schalungshaut.

Chemische Effekte:

Hier haben wir es mit kombinierten Wirkungsweisen zu tun, nämlich einmal physikalisch filmbindend und zum anderen chemisch durch mehr oder minder – im Zusammenhang mit Fettstoffzusätzen zur Auswirkung kommende – Hydratationsstörungen im Betonoberflächenbereich, die sich praktisch durch Vermehlungserscheinungen bemerkbar machen können.

Anwendungstechnische Probleme kann es hier im Zusammenhang mit saugenden Schalungen geben, dann nämlich, wenn dieselben, sei es durch Lagerung (mit Zwischenleisten z. B.), starkem Zugwind ausgesetzt sind, was zur intensiven, partiellen Austrocknung – auch bei feuchter Witterung – führen kann oder es infolge starker

Sonneneinstrahlung insgesamt zu einem Schwund der Eigenfeuchtigkeit z. B. bei Brettschalungen, Dreischichtenplatten u. ä. m. kommt.

Mit diesem materialbezogenen Austrocknungsvorgang verliert der Trennmittelverarbeiter u. U. die quantitative Übersicht des Auftrages mit Augenscheinnahme und partielle oder ganzflächige Überdosierungen sind die Folge.

Tritt ggf., z. B. bei frischen Brettern, bei 3-S-Platten und auch bei Nadelholz-Furnierplatten ohne Vergütung der mögliche Einfluss von Holzinhaltsstoffen, z. B. Holzzucker hinzu, so kann es erfahrungsgemäß zu mehr oder minder starken Hydratationsstörungen, also Oberflächenvermehlungen kommen, welche das Betongefüge millimetertief beeinträchtigen.

Hier hilft möglicherweise, wenn die Verstaubung „überschaubar" ist, also oberflächenbezogen ausfällt, ein mehrfaches Nachsprühen – sofern nicht eine ohnehin feuchte Witterung ihren Beitrag leistet – oder, in hartnäckigen Fällen, eine ein- oder mehrfache Behandlung mittels Fluat, jeweils in Anlehnung an die Vorschrift des Herstellers.

Es erscheint dem Verfasser zweitrangig, im Einzelnen auf die verschiedenen Trennmittel-Typen materialbezogen einzugehen, sondern zweckdienlicher, sich schalungsbezogen mit den unterschiedlichen Möglichkeiten zu befassen und zwar wiederum unter dem Aspekt der Saugfähigkeit.

DIN 18 217 [1.25] spricht von der Wahl der Schalungshaut, je nach den Anforderungen an die Betonfläche (Abs. 2.1).

Demzufolge ist das Trennmittel in Anlehnung an die jeweilige Schalungshaut, ebenfalls funktionsbezogen, zu wählen.

4.1.8 Saugende Schalung

Angeführt wird der Bereich saugender Schalungen vom sägerauen Brett und in verminderter Wirkung seiner artverwandten Alternativen, also dem Hobelbrett, dem mechanisch vorbehandelten Brett.

Gleicherweise aber gehören auch „brettähnliche" Schalungen dazu, also standardisierte Brettplatten (gem. DIN 18 215 [1.23]), Dreischichtenplatten u. a. dazu, vorausgesetzt, dass sie weder filmbeschichtet noch **dicht** kunstharzvergütet sind.

Einfache Imprägnierungen oder „offene" Beharzungen können zwar die Saugfähigkeit mindern, schließen sie aber nicht völlig aus.

Zu dem Bereich saugfähiger Schalungen zählen aber auch Spanplatten – je nach Oberflächenvergütung – und rohe Sperrholzschalungen, insbesondere aus Nadelholz, wobei allein das Deckfurnier aus Nadelholz eine diesbez. Oberflächenbeschaffenheit, sprich Saugfähigkeit, charakterisiert. Es ist praxisbezogen bekannt, dass die Saugfähigkeit einer Schalung, abhängig ihrer Oberflächen-Porenstruktur, mit der Einsatzhäufigkeit abnimmt.

Mit dieser vom Zementleim her natürlichen Oberflächenverschlusstendenz und dem abnehmenden Feuchtigkeitsanspruch der Schalung gegenüber dem Zugabewasser des Betons, nimmt der Grauton-Helligkeitsgrad der Betonfläche zu.

Die Ursache ist dahingehend zu erklären, dass damit der W/Z-Faktor im Betonflächenbereich steigt und das Erscheinungsbild heller wird.

Um bei Sichtbeton – bei dem Holzstrukturflächen zunehmend eine Rolle spielen – Grautonabstufungen zu vermeiden, ist es zweckmäßig, neben der empfohlenen künstlichen Alterung frischer Bretter durch Zement- oder Kalkmilch, sich für die ersten Einsätze hydrophobierender Trennmittel, also Mineralöle, rein physikalischer Natur zu bedienen, um über diese „gesteuerte Saugfähigkeit" der Schalungshaut und dem damit gegebenen einheitlichen physikalischen Effekt auch den Grauton weitgehend übereinstimmend zu halten.

Nach Abwicklung der ersten Einsätze – und das gilt vorrangig für frische, sägeraue Brettschalung – sollte man von der 3. oder 4. Verwendung an, auf Öl-in-Wasser-Emulsionen übergehen, um deren wirtschaftliche Vorteile und langjährige Bewährung zu nutzen.

Bei Schalungen mit geringerer Saugfähigkeit, also gehobelten bzw. mechanisch vorbehandelten Brettern, aber auch bei 3-S-Platten und rohen Nadelholzfurnierplatten ist es grundsätzlich zweckdienlich, einen sparsamen, gleichmäßigen Auftrag physikalisch wirkenden Mineralöltrennmittels dem chemischen Material vorzuziehen.

Das gilt vor allen Dingen für Innenausbaubereiche, wo, derzeit aus wirtschaftlichen Gründen mehr oder minder wieder konservativ, also mit preiswerten Plattenschalungen gem. DIN 18 215 [1.23] oder rohen Nadelholz-Furnierplatten bzw. Spanplatten geschalt wird und andere Gewerke folgen.

Die Verwendung pastöser Trennmittel – ebenfalls zur Verminderung der Saugfähigkeit – im Sinne wirtschaftlicher Handhabung, d. h. bei mechanisch vorbehandelten Brettern mit ausgeprägter Struktur, wo ggf. mit einem Auftrag mehrere Einsätze durchgezogen werden können, ist durchaus zu empfehlen, doch muss sich der Verarbeiter klar sein, dass hier u. U. mit Klebeeffekten zu rechnen ist, die gleichbedeutend sind mit verstärkter Porenbildung.

Ausnahmen mögen die Regel sein und es erscheint sinnvoll, sich hier bei superlativen Zusagen vorher ausreichend beraten zu lassen.

4.1.9 Porengeschlossene – nicht saugende Schalung

Schalungen mit dichter Oberfläche, besonders wenn sie großflächig oder profiliert sind, also zusätzlich eine größere Oberfläche besitzen, zeichnen sich bei der Ausschalung durch sogbedingte, intensive Haftung aus.

Aufgrund dieses Tatbestandes hat die Trennmittelindustrie sog. chemische Erzeugnisse entwickelt, also Entschalungsmittel, deren Wirkungsweise auf Hydratationsstörung der Oberflächen-Zementbestände beruhte und bei denen infolge der sich ergebenden Vermehlung die physikalische Trennung erheblich erleichtert wurde.

Diesem anwendungstechnischen Trend zufolge dominiert dieses Material heute in allen Bereichen, ob es schalungsmäßig sinnvoll ist oder nicht, d. h. ggf. auch im Zusammenhang mit saugenden Schalungen.

Auf den dann möglichen Nachteil wurde bereits hingewiesen.

Von entscheidender Bedeutung ist, anwendungstechnisch im Zusammenhang mit chemischen bzw. physiko-chemischen Trennmitteln darauf zu achten, dass der Auftrag **sehr** sparsam und gleichmäßig erfolgt.

Im Falle der Verwendung bei saugenden Schalungen muss **vor dem Auftrag** dafür gesorgt werden, dass sich der Einsatz des Materials mit der Sicherstellung ausreichender Eigenfeuchte der Schalung (durch Wässern und Antrocknen der Oberfläche) tatsächlich auf die Schalungs**fläche** beschränkt und nicht die Holzstruktur einbezieht.

Eine Wässerung ausgetrockneter, saugender Schalung nach dem Trennmittelauftrag – besonders im bereits eingeschalten Zustand – spült die Trennmittelbestandteile aus dem Inneren zur Oberfläche und führt hier zu einer Konzentration, die mit Sicherheit eine starke Oberflächenvermehlung bewirkt und bei zusätzlichem Einfluss evtl. Inhaltsstoffe zur millimetertiefen Zerstörung werden kann.

4.2 Heftmittel

Heftmittel, in der Frühzeit der Holzwerkstoff-Betonschalung allein normale, später gehärtete Stahlnägel, dienten im funktionellen Sinne ausschließlich der Befestigung der Schalhaut am hölzernen Untergrund. Bezüglich einer Einflussnahme auf die Betonfläche machte man sich keine Gedanken, zumal es sich vorrangig um Vorsatzschalungen dünner Querschnittsdimension und damit geringer Dickenquellung handelte.

Mit der Konzeption konventioneller Schalungselemente, also am Bau erstellter Einheiten aus Holz mit vielzähliger Einsatzhäufigkeit und demzufolge leistungsfähiger Holzwerkstoff-Hautplatten – meist aus Furnier-Sperrholz mittlerer Dicke – bediente sich der Praktiker hochwertiger Schrauben, u. U. sogar aus Messing, deren Flachköpfe oftmals abgespachtelt wurden, dem Sichtbetoncharakter zweckdienlich gerecht zu werden.

Die Nagel-Industrie war es schließlich, die im Zuge des verstärkten Wettbewerbs einerseits und dem Bestreben zweckdienlicher Methoden andererseits den sog. Schraubnagel entwickelte, einer Heft-Type, die eine Synthese zwischen normalem Nagel und hochwertiger Schraube darstellte und, sofern es sich als sinnvoll herausstellte, mittels Pressluftgerät „eingeschossen" werden konnte. Im gleichen Zusammenhang wurden Sondereinheiten geschaffen, also rostfreie Stähle oder Hartaluminiumlegierungen, um im Zusammenhang mit anspruchsvollen Betonflächen Korrosionsansätze auszuschließen.

Um im Zusammenhang mit funktionellen Betonflächen, vor allen Dingen des Innenausbaus, und bei der Verarbeitung relativ trockener Holzwerkstoffschalung und der sich daraus später – d. h. unter Witterungs- oder Betonfeuchteneinfluss – ergebenden Materialquellungen, u. U. bis zu 10 % der Plattendicke, was bei einer ca. 21 mm Schalung etwa 2 mm entspricht, die bei Flachköpfen den folgenden „Betonwarzen" oder Noppen zu vermeiden oder zumindest zu mindern, bedienten sich versierte Baupraktiker der Linsenkopf-Schraubnägel aus nicht rostendem Material als letzte Entwicklungsstufe.

In diesem Sinne unterscheiden wir heute:

Stahlstifte:

Stahl-Stifte mit „Tiefsenkkopf", normal oder gehärtet dienen meist in einer Länge von ¾ " der Befestigung von 4 oder 8-mm-Vorsatzschalungen. Der lang gezogene konische, auch als gestaucht bezeichnete Kopf hinterlässt kaum sichtbare Spuren auf der Betonfläche, sollte aber bei Sichtbetonforderungen geringfügig, per Dorn, „eingeschlagen" und abgespachtelt werden, um evtl. Korrosionsansätzen, besonders bei mehrfacher Verwendung der Schalung, zu begegnen.

Sofern, und das gilt vorrangig für 4-mm-Vorsatzschalungen, das Versenken der Köpfe bez. einer kraftschlüssigen Halterung technisch fragwürdig ist, sollte man zweckdienlicher nichtrostendes Material mit bündigem Abschluss verwenden.

Im anwendungstechnischen Sinne sollte in diesem Zusammenhang noch einmal darauf hingewiesen werden, dass dünne, flexible Vorsatzschalungen, meist aus Furnier-Sperrholz, nur bei ausreichender Eigenfeuchte (ca. 20 bis 24 %) verarbeitet, also befestigt werden, um spätere Materialausdehnungen und damit betonzugewandten Wölbungen, die zu Lasten der Planebenflächigkeit der Betonfläche gehen, zu vermeiden.

Maschinen-Drahtstifte:

Maschinen-Drahtstifte (gem. DIN EN 10 230-1 [1.18]), eisenblank oder galv. verzinkt, mit Senkkopf, allg. 1 ¾ " sind die Standardausführung für selbsttragende, ca. 21/22 mm dicke Schalungshautplatten, sofern an die Betonoberfläche keine Anforderungen gestellt werden und geringe Einsatzhäufigkeiten anstehen. Die glatten Schäfte geben die Gewähr einer leichten Demontage. Zur Vermeidung von Korrosionsflecken sind verzinkte Stifte vorzuziehen.

Um Betonwarzenbildungen weitestgehend zu vermeiden, ist es zweckmäßig, Holzwerkstoffschalungen mit ca. 18 % Eigenfeuchte zu verarbeiten.

Für alle Arten von Heftungen gilt die anwendungstechnische Forderung einer geradlinigen Ausrichtung, die widrigenfalls eine Mängelrüge rechtfertigt, auch bei untergeordneten Betonflächen.

ISO-Doppelnägel:

Doppelnägel bestehen in ihrem unteren, tragenden Teil aus einem Drahtstift gem. DIN EN 10 230-1 [1.18]. Der obere Teil dient, ohne tragende Funktion, der Kraftschlüssigkeit des eigentlichen Nagels beim Einschlagen bis zum Kopf und vor allen Dingen einer zerstörungsfreien Entschalung, also Demontage der Hautplatte gegenüber evtl. Montageleisten.

Nagelschrauben:

Nagelschrauben mit Senk- oder Halbrundkopf stellen eine Synthese zwischen Nagel und Holzschraube dar. Sie haben ein ringförmiges Gewinde, welches im Holz bzw. in der Werkstoff-Betonschalung einen guten Haftwert erreicht. Die Haftwerte liegen jedoch unter denen der sog. Schraubnägel (siehe Abschnitt 4.2.1.5), da das rel. enge Nagelschrauben-Gewinde einen Teil der Holzfasern beim Einschlagen zerstört.

Nagelschrauben werden üblicherweise in eisenblank und verzinkt geliefert.

Für Schalungszwecke sind sie bedingt zu empfehlen.

Schraubnägel:

Schraubnägel mit Senk- oder Linsenkopf sind Spezialausführungen für den Betonschalungsbereich, in eisenblanker, verzinkter und rostfreier, ggf. auch in Hartaluminium-Ausführung, bei denen der Schaft mittels langgezogenen Gewindes einen optimalen Haftwert im Holzwerkstoff erreicht.

Sie werden ohne Vorbohrung, praktisch wie ein einfacher Nagel per Hammer eingeschlagen.

Beim Eintreiben dreht sich der Schraubnagel, bei geringster Zerstörung der Holzfaser, seinem Gewinde folgend durch die Hautplatte in den Träger hinein.

Ein zweckdienlicher Schraubnagel weist unter dem Kopf ein gewindefreies Stück auf, damit er sich bei den letzten Schlägen in dem zu vernagelnden Material frei drehen und ähnlich einer Holzschraube „ziehen“ kann. Hierdurch wird ein größtmöglicher Anpressdruck erreicht. Schraubnägel sind dann optimal zweckdienlich – nicht rostend und mit Linsenkopf – wenn es darum geht, für Schalungselemente mit größerer Einsatzhäufigkeit einen kraftschlüssigen, konstruktiven Verbund sicherzustellen. Bei sinnvoller Eigenfeuchte (ca. 18 %) und der Verwendung von Linsenköpfen bei nicht rostendem Material gibt es praktisch keinerlei anwendungstechnische Einschränkungen.

Bezüglich ausführungstechnischer Wirtschaftlichkeit sollten, vor allen Dingen im Schalungswerk, Pressluftgeräte der Verarbeitung dienen.

4.3 Schalungsanker

Abb. 4.3 – 1: Schalungsanker

Schalungsanker für Betonschalungen, Begriffe, Anforderungen, Prüfungen sind in der DIN 18 216 [1.24] zusammengefasst.

Der Schalungsanker ist die Konstruktion zum gegenseitigen oder einseitigen Halten der Schalung. Er nimmt bis zum Ausschalen die in der Betonschalung wirkende Beanspruchung auf.

Seine Bestandteile sind:

der Ankerstab, Ankerverschluss und der Abstandhalter.

Der Ankerstab ist der Teil, der die in der Schalung wirkenden Kräfte aufnimmt.

Der Ankerverschluss ist das Verbindungsmittel, das die auf der Schalung wirkenden Kräfte auf den Ankerstab überträgt.

Der Abstandhalter sichert den lichten Abstand der Schalung, er besteht aus Plastik-, Faserzement- Stahl- oder Betonröhrchen sowie konischen Vollquerschnitten und Hohlquerschnitten aus Stahl sowie mehrteiligen Bolzen.

4.4 Abstandhalter

Der Abstandhalter ist der Teil, der die gegeneinandergerichteten Verschiebungen der Schalungen verhindert, die beim Spannen des Ankerstabes auftreten.

Holzabstandhalter sollten vermieden werden, weil sie ein Fremdkörper sind.

Abb. 4.4 – 1: Abstandshalter, in ungenügender Anzahl

Wesentliche Auswahlkriterien sind:

- Anschaffungskosten;
- Handhabung und Einbauschnelligkeit, auch in Verbindung mit Konen;
- Abstandhalter auf Maß geschnitten;
- Widerstandsfähigkeit gegen Bruch und Sprödigkeit;
- Verformung unter Last, d. h., bei Anspannen der Ankerstabes;
- Eindrücken in die Schalhaut, Wandstärke des Hüllrohres;
- Konstruktion der Konen (Schnellverschluss oder schraubbar);
- geeignet für Sicht- und Tapezierbeton;
- Hitzebeständigkeit, Längenänderung durch Wärmeeinwirkung;
- Rostbildung;
- Haftfähigkeit im Beton;
- Wirtschaftlichkeit, z. B. gleiche Typen für unterschiedliche Ankerstabquerschnitte;
- Folgekosten, z. B. Schließen der Öffnungen auf der Betonoberfläche;
- in einigen Fällen Forderung auf Wasserdichtigkeit;
- Transportkosten, Verpackung, Gewichte;
- Auf- und Abladekosten;
- bei wiedergewinnbaren Hüllkonen oder Hüllrohren sind sowohl die Materialkosten, als auch ganz besonders die Lohnkosten im Wirtschaftsvergleich zu berücksichtigen, die durch das Wiedergewinnen entstehen. Sie sind den Materialkosten gegenüber zu stellen bei den Gliedern, die im Beton verbleiben, um den jeweils anstehenden Einsatz wirtschaftlich zu gestalten.

5 Schalungsdispositionen

5.1 Schalungsplanung

Im Rahmen der Arbeitsvorbereitung ist die Schalungsplanung eine der Kontaktstellen zum Informationsaustausch mit dem Planenden, Statiker, Konstrukteur und dem Bauleiter.

Die Schalungsplanung führt die Kontrolle der Arbeitsunterlagen auf Vollständigkeit und Richtigkeit durch einschl. der Angebote von Subunternehmern und Herstellern.

Die Schalungsplanung erarbeitet die wirtschaftlichsten Schal- und Rüstungsmethoden unter Berücksichtigung:

- der DIN-Vorschriften zur Bemessung;
- der Gebäudeart und –form;
- der anwendbaren Verfahren;
- der Anforderung an Qualität und Betonoberfläche;
- des vorhandenen Schal- und Rüstmaterials;
- des Lohnaufwandes;
- der Flexibilität;
- der auf das Unternehmen bezogenen Auswertung der Kriterien;
- der Neuanschaffung oder in Kombination bei entsprechendem Wirtschaftlichkeitsgrad der Schal- und Rüstsysteme;
- der Ergänzung und deren Auswertung in der Kriteriensammlung;
- der Ermittlung der Vergleichsdaten aus den verschiedenen Arbeitsverfahren;
- der engen Kontakthaltung zu den Schalungsherstellern.

5.2 Schalungsvorbereitung

Die Schalungsplanung mündet in die Schalungsvorbereitung, d. h. in der Herstellung der Schalungspläne, dem Anliefern und dem Zusammenbau der Schalungen mit den Kriterien:

- Schalungsabschnitte (Vorhaltemenge);
- Arbeitstakte (Umsetzen der Elemente);
- Materialbedarf (Stücklisten) einschl. Aussparungen etc.;
- Beschreibung der Arbeitsmethode und des Ablaufes in Form von Grundmontagerichtlinien zur Herstellung der Elemente;
- Vormontage im Werk oder auf der Baustelle;
- Abstimmung mit dem Fuhrpark und dem Lagerplatz;

- Feststellung der erforderlichen Arbeitskräfte und Maschinen;
- Überwachung und Kontrolle der Schalungsmontage und Überprüfung der Zweckmäßigkeit der entworfenen Elemente;
- Kontrolle im eigenen Fertigungswerk oder auf der Baustelle;
- Schalungsvorfertigung im Werk, Transportkosten bei sperrigen Elementen, Transportbreiten.

5.3 Schalungsverwaltung

Zur Schalungsverwaltung gehören:

- Erfassung und Beziehung des Schal- und Rüstungsmaterials nach Einzelheiten;
- Reparatur und Wartung (allgemein üblich durch die MTA);
- Führung einer Materialdispositionskartei, die den täglichen Bestand unter Berücksichtigung der zeitlichen Bindungen wiedergibt.

Die aufgeführten Möglichkeiten und Maßnahmen sollen helfen, Arbeitsunterbrechungen während der Bauausführung wegen fehlender Elemente zu vermeiden. Ferner ist aufgrund der genauen Erfassung der Bestände und enge Kontakthaltung zu den Planungsarbeiten eine bessere Nutzung des Schal- und Rüstmaterials möglich.

6 Sichtbeton-Bewertung – Beurteilung von Sichtbetonmängeln

6.1 Einleitung

„Enttäuschung ist meist nur die Folge falscher Erwartungen."

Alles, was man

a) nicht messen, „wiegen" kann,

b) nicht in einer DIN-Vorschrift steht,

c) nicht „eindeutig und erschöpfend" zwischen AG/AN vereinbart wurde,

muss subjektiv beurteilt werden!

Jede Ansichtsfläche ist hinsichtlich des Aussehens ein Unikat aufgrund

d) zulässiger Maßtoleranzen,

e) Witterungsbedingungen usw.

Die Bewertung, ob z. B. die Sichtbetonart „üblich" ist und ob die Ausführung der Leistung entspricht, die der Auftraggeber „erwarten" kann, bedarf eines erfahrenen Beton-Sachverständigen.

Begriffe, wie „Gebrauchstauglichkeit, Wert und zugesicherte Eigenschaften", werden nicht mehr verwendet. Nach der VOB wird nach der **„vereinbarten Beschaffenheit"** und der **„vorauszusetzenden Verwendungseignung"** bewertet.

Die Anforderung an eine **„eindeutige und erschöpfende"** Beschreibung der zu erwartenden Bauleistung noch wichtiger, um gegebenenfalls über einen SOLL-IST-Vergleich eventuelle Mängel begründen zu können.

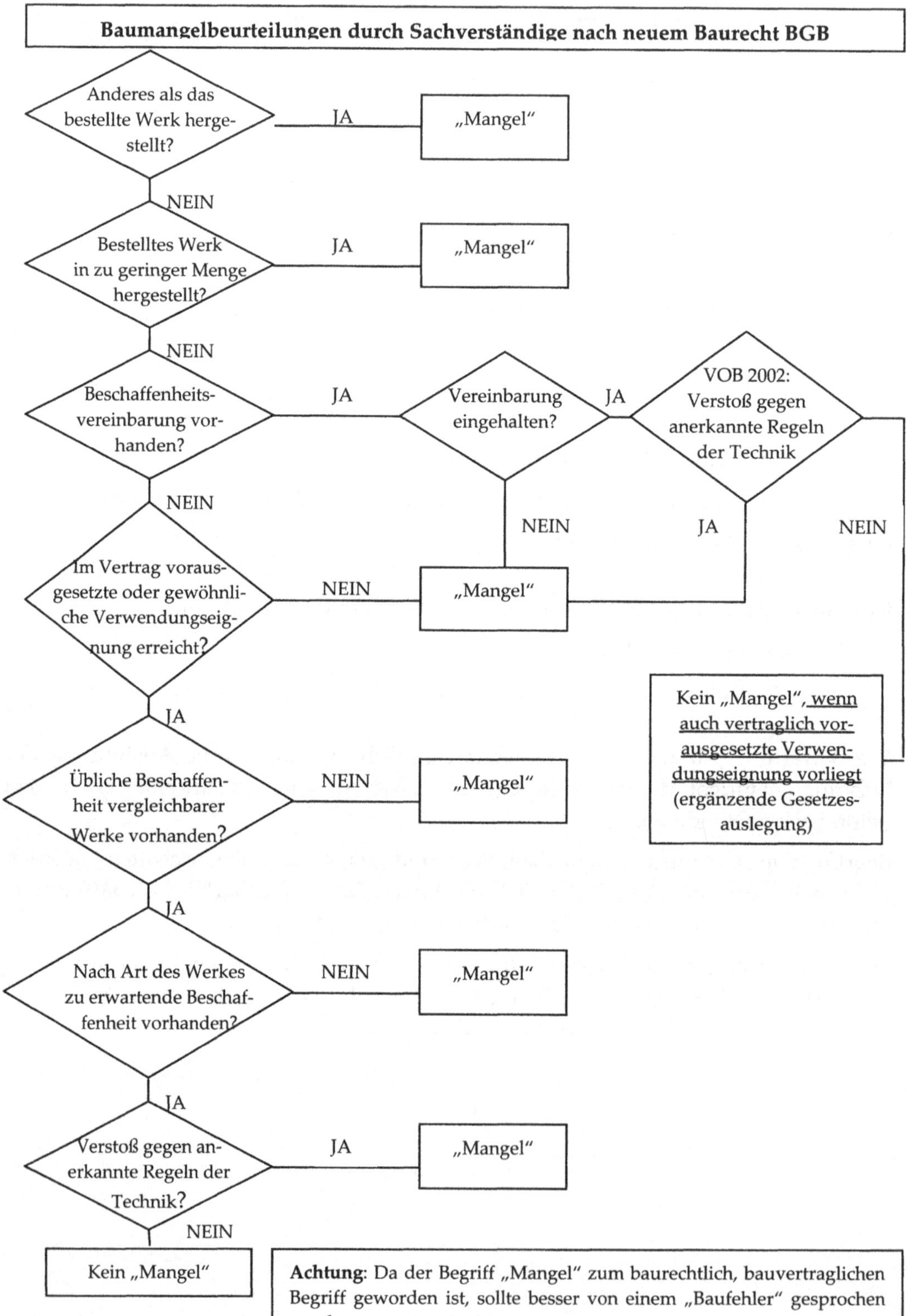

Achtung: Da der Begriff „Mangel“ zum baurechtlich, bauvertraglichen Begriff geworden ist, sollte besser von einem „Baufehler“ gesprochen werden.

Optische Fehler können in vielfältigen Erscheinungsformen auftreten. Diese reichen z.B. von Farb- und Strukturabweichungen, Verschmutzungen, Maß- und Passungenauigkeiten, Unebenheiten, Fehlstellen wie z.B. Abplatzungen und Ausbrüche bis hin zu Rissbildungen, Kratzern, Schrammen usw.

Aurnhammer [3.1] entwarf auf Grundlage der Nutzwertanalyse die „Zielbaummethode" die von *Kamphausen* [3.2] weiterentwickelt wurde. Die Grundlage der Zielbaummethode bildet ein subjektiver Wertbegriff. Unter „Wert" oder „Nutzwert" ist dabei eine Beziehung zwischen einem wertenden Subjekt und einem zu bewertenden Objekt unter Einsatz eines bestimmten (definierten) Bewertungsmaßstabes zu verstehen. Nutzwerte lassen sich in aller Regel untergliedern in „Gebrauchs-/ Funktionswerte und Geltungswerte" bestimmt.

Oswald + Abel [2.1] weisen darauf hin, das die Zielbaummethode

„gute Ansätze bieten, Minderwerte nachvollziehbar festzulegen".

Sie entwickelten eine sog. Matrix zur Bewertung optischer Fehler.

Die Zielbaummethode ist gut geeignet bei z.B. optischer Beeinträchtigung, hat jedoch Grenzen, wenn sowohl die Gestaltungsfunktion und die Gebrauchsfunktion eingeschränkt sind. Hinzukommt, das bei allzu schematischer Anwendung, verschiedener Personen durchaus zu unterschiedlichen Ergebnissen kommen könnten.

Im Sichtbeton-Merkblatt [1.57] wird unter Pkt. 7.4.3 hingewiesen: „Wenn die Mängelbeseitigung eher eine Verschlechterung des optischen Eindrucks der Sichtbetonfläche zur Folge hat, ist die verbleibende Abweichung zu bewerten.

Aber wie?

Nachfolgend wird ein Bewertungsschema für Sichtbeton „Mängel" im Hinblick auf die Geltungsfunktion dargestellt:

6.2 Begriffe Definitionen

6.2.1 Regeln

Die Begehung sowie die Bewertung einzelner Leistungen erfolgt nach

Regeln

dabei ist zu berücksichtigen, dass bei jeder handwerklichen Leistung Unregelmäßigkeiten nicht völlig zu vermeiden sind.

Für Beton gibt es diverse Merkblätter, Richtlinien oder technische Regelungen mit Empfehlungscharakter.

Der Begriff „Regel" ist zurückzuführen auf das lateinische Wort

Regula = Richtschnur.

Ob man die Bezeichnung Regel, Regelwerk oder Norm benutzt, ist in letzter Konsequenz gleichgültig.

Alle beinhalten den gleichen Grundgedanken:

Die allgemein verbindliche Feststellung von Verhaltens- bzw. Ausführungsregeln.

6.2.2 Sichtbetonklassen, Gewichtung

Das „Sichtbeton-Merkblatt“[1.57] unterteilt Sichtflächen in vier Sichtbeton Klassen:

Tab. 6.2 – 1: Sichtbetonklassen

SB1	Geringe gestalterische Anforderungen, z. B. Kellerbereiche oder Bereiche mit vorwiegend gewerblicher Nutzung	
SB2	Normale gestalterische Anforderungen, z. B. Treppenhausbereiche	
SB3	Hohe gestalterische Anforderungen, z. B. Fassaden im Hochbau	
SB4	Besonders hohe gestalterische Anforderungen, z. B. repräsentative Bauteile im Hochbau	

Eine flexible Bauteil- bzw. Raumbewertung soll erhalten bleiben, so weist üblicherweise ein normaler Kellerraum eine geringere Wertigkeit auf als ein Wohnraum bzw. eine Hotel-Eingangshalle.

Die Sichtbeton-Klassen wurden von mir wie folgt gewichtet:

Tab. 6.2 – 2: Gewichtung der Gebrauchs- und Geltungsfunktion

Sichtbetonklasse	**Gebrauchfunktion in %**	**Geltungsfunktion in %**
SB1	60	40
SB2	50	50
SB3	40	60
SB4	30	70

Tab. 6.2 – 3: Gewichtung der Sichtbeton-Klassen

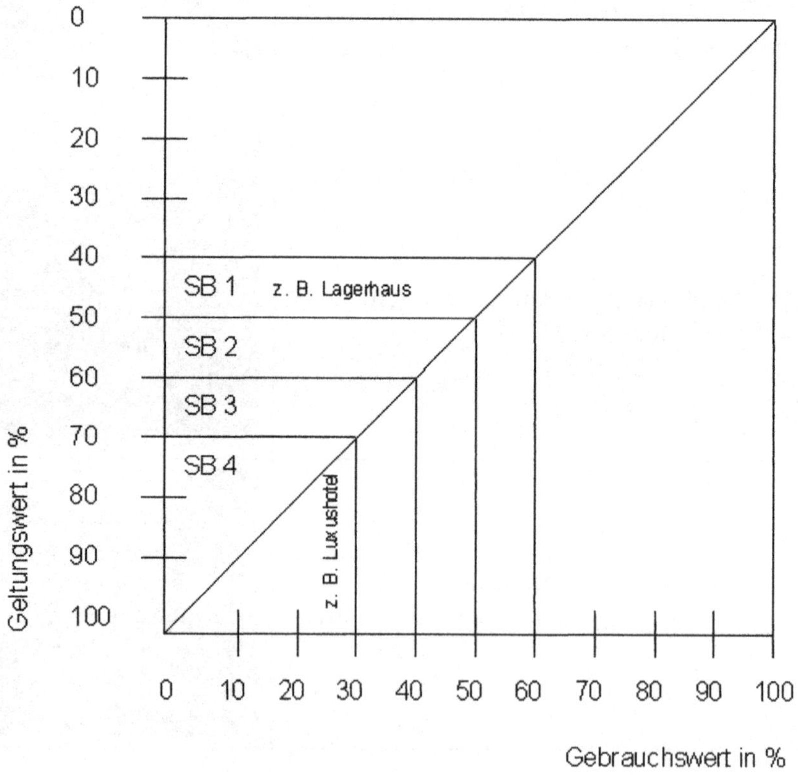

Besondere Aufmerksamkeit gilt bei der Bewertung der Sichtfläche die Wichtung der:

- Textur/Schalenstoß
- Porigkeit
- Farbtongleichmäßigkeit
- Ebenheit
- Arbeits- und Schalhautfugen

Wie „hoch" sind die einzelnen Anforderungen zu wichten?

Dies ist u. a. abhängig vom:

- Betrachtungsabstand
- Lichtverhältnissen
- Bauteilen, z. B. Fertigteilen, Ortbeton usw.
- Nutzung

Zur Zeit laufen beim Autor dieses Buches ausführliche Untersuchungen zum Thema „Gewichtung" deren Ergebnisse in einer Neuauflage veröffentlicht werden.

Beispiele:

Die „Porigkeit" kann bei einem entsprechend großem Abstand zur Fassade, z. B. vorgegeben durch einen Vorgarten/Rasenfläche, eine geringere Rolle (Wichtung) spielen, als bei einer Hotel-Einganshalle in der der Betrachter direkt davor steht.

Die Beurteilung der Porigkeit ist u. a. durch die Aufnahme von digitalen Bildern und deren anschließende Verarbeitung mit speziellen Bildbearbeitungsprogrammen möglich. [4.1]

Die „Ebenheit" der Sichtbetonfläche bei Betonfertigteilen kann aufgrund der Fugeneinteilung eine geringere Rolle (Wichtung) spielen, als bei einer Ortbetonfläche, da große Flächen immer wieder durch kleine Flächen (Fertigteile) unterteilt werden.

Eventuelle Unebenheiten werden dadurch kaschiert.

6.2.6 Betrachtungsabstand

Die Prüfung von Sichtflächen ist in der **Regel** in dem Abstand durchzuführen, welcher der „üblichen Nutzung" entspricht.

Der „übliche" Betrachtungsabstand ist vergleichbar mit einer Gemäldebetrachtung, d. h.:

- kleinere Bilder erfordern einen geringeren,
- größere Bilder einen entsprechend weiteren Betrachtungsabstand.

Demzufolge wird eine Fassade als Gesamteindruck nicht vom Gerüst, sondern wie folgt betrachtet:

- Traufhöhe = Betrachtungsabstand
- EG-Fenster: Höhe = Abstand usw.
- (siehe Abb. 6.2 – 1)

Die übliche Nutzung muss nicht immer der tatsächlichen Nutzung entsprechen. Wenn möglich, sollte der Abstand von 1 m bei der Bewertung nicht unterschritten werden.

Ein „Fernglas" ist zwar zur Ursachenfindung eines evtl. Schadens nützlich, stellt jedoch nicht den üblichen Betrachtungsabstand dar.

Bei der Prüfung auf evtl. Fehler ist die Betrachtung möglichst im rechten Winkel auf die Oberfläche durchzuführen.

- Betrachtungsabstand (Beispiele)
- vom Bürgersteig (direkt vor der Fassade)
- nicht geeignet für den Gesamteindruck der Fassade (Abb. 6.2 – 2)
- vom Bürgersteig auf der anderen Straßenseite:
- geeignet für den Gesamteindruck der Fassade (Abb. 6.2 – 3)

Wenn ein Vorgarten, bzw. eine Rasenfläche (z. B. eine Hofbegrünung) vorhanden ist, die in der „Regel" nicht begangen wird, ist der Betrachtungsabstand entsprechend der Objektgröße

Punkt 1: Bei kleineren Besichtigungsflächen (h1), geringer Abstand (l1)

Punkt 2: Bei größeren Besichtigungsflächen (h2) (z. B. Gesamteindruck der Fassade) entsprechend weiterer Abstand (l2)

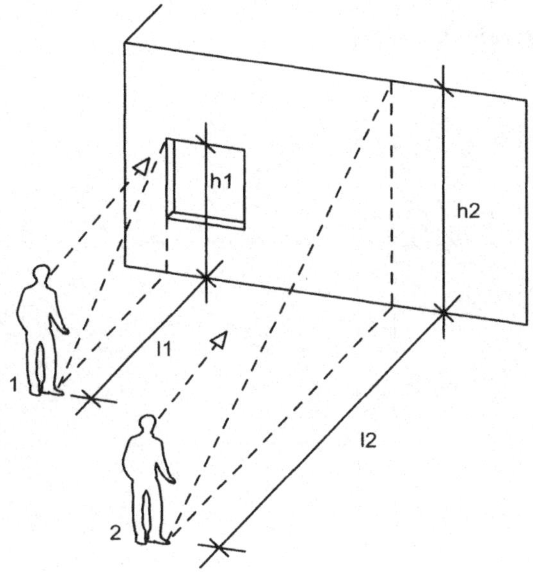

Punkt 1: zu bewertendes Objekt

Punkt 2: zur Bewertung von „Einzelkriterien": geringerer Abstand

Punkt 3: zur Bewertung vom Gesamteindruck: größerer Abstand

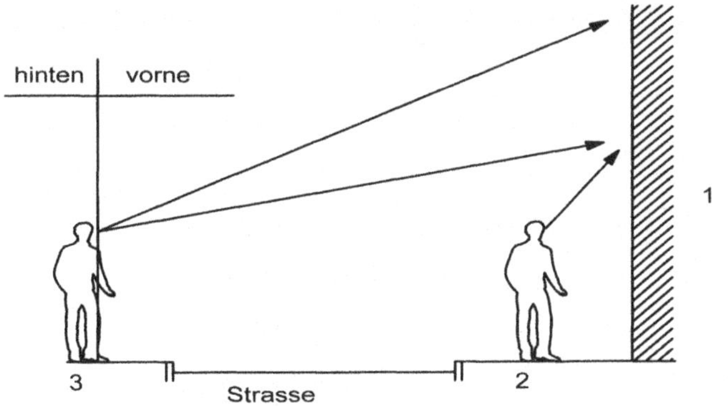

Abb. 6.2 – 1: Betrachtungsabstand und Gesamteindruck

z. B. bei Hofbegrünung

Punkt 1: Betrachtungsabstände

Punkt 2: gepflasterter Weg

Punkt 3: Rasenfläche/Hofbegrünung

Punkt 4: zu betrachtendes Objekt

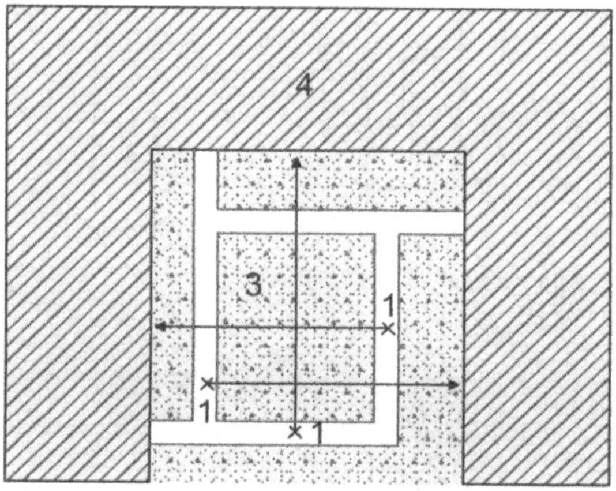

Abb. 6.2 – 2: Betrachtungsabstand, Fassaden-Gesamteindruck

z. B. Wege, Bürgersteig

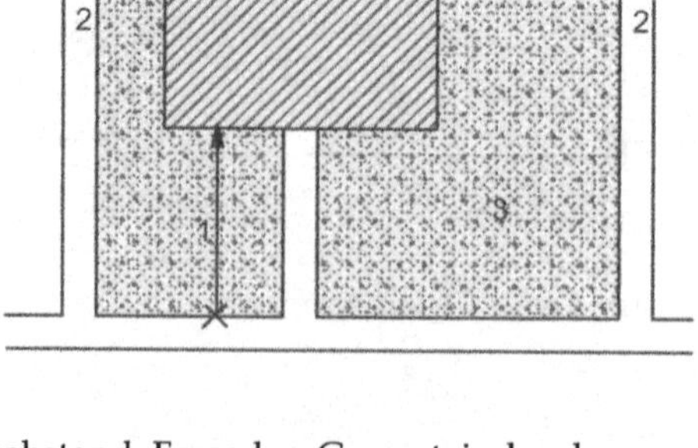

Abb. 6.2 – 3: Betrachtungsabstand, Fassaden-Gesamteindruck

6.2.4 Lichtquelle

Geprüft werden sollte unter „normalen" Tageslichtverhältnissen, d. h. Unregelmäßigkeiten, die durch seitlichen Einfall von natürlichem Sonnenlicht zeitlich begrenzt sichtbar werden, sind in der Regel hinzunehmen.

Künstliches Streiflicht ist zur Bewertung nicht zugelassen

Die Elektroplanung (Decken- bzw. Wand-Halogenstrahler) ist bei der Sichtbetonplanung daher besonders zu berücksichtigen.

Künstliches Streiflicht stellt eine erhöhte Anforderung dar und ist gesondert zu vereinbaren.

Die Angabe der Lage der Lichtquelle ist besonders wichtig, falls nachträglich eine andere Person die „Sichtbewertung" (Gutachten) nachvollzieht bzw. überprüft.

Dies ist vergleichbar nur möglich, wenn von gleichen Grundlagen (hier „Lichtquelle") ausgegangen wird.

Lichtquellen mit anderen Einfallswinkeln zum Objekt können durchaus andere Erkenntnisse/Ergebnisse hervorrufen. Beispiel:

Lichtquelle (Sonne) „von oben" lässt Vor- und Rücksprünge innerhalb der Fassade deutlicher erscheinen, als Lichtquelle „im Rücken".

Lichtquelle (Sonne) von der Seite („Streifenlicht") verdeutlicht „Gerüstlagen" mehr, als wenn die Fassade im Schatten liegt.

Lichtquelle, z. B. „Sonnenstand" mit:

- - Fassade im Gegenlicht
- - Fassade im Schatten
- - Sonne „von oben"
- - Sonne „im Rücken"
- - Sonne „von links" bzw. „rechts"

Diese Angaben sind in einer „Checkliste" bei Feststellung des Objektzustandes zu dokumentieren.

Punkt 1: übliche Betrachtung im rechten Winkel mit Betrachtungsabstand „l" (siehe Abb. 6.2 – 1)

Punkt 2: unübliche Betrachtung schräg, von der Seite

Punkt 3: unübliche Betrachtung direkt <u>vor</u> dem Objekt, von unten nach oben gesehen

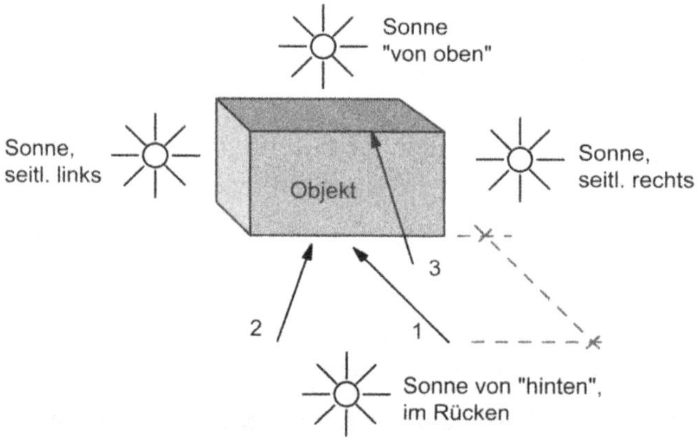

Abb. 6.2 – 4: Sonnenstand bzw. Lichtquelle

In der Regel werden 5 „Lichtquellen" unterschieden:

- Sonne von links (Streiflicht)
- Sonne von rechts (Streiflicht)
- Sonne von oben (Streiflicht)
- Sonne von hinten (Fassade im Gegenlicht)
- Sonne von vorne (Fassade im Schatten)

„Vorne" bzw. „hinten" bezieht sich immer von der Person ausgehend in Blickrichtung (Abb. 6.2 – 1).

Wie wichtig die Dokumentation der Lichtverhältnisse ist, wird am folgenden Beispiel verdeutlicht:

Die Sonne (als natürliche Lichtquelle) zieht bekannter Weise von Ost nach West.

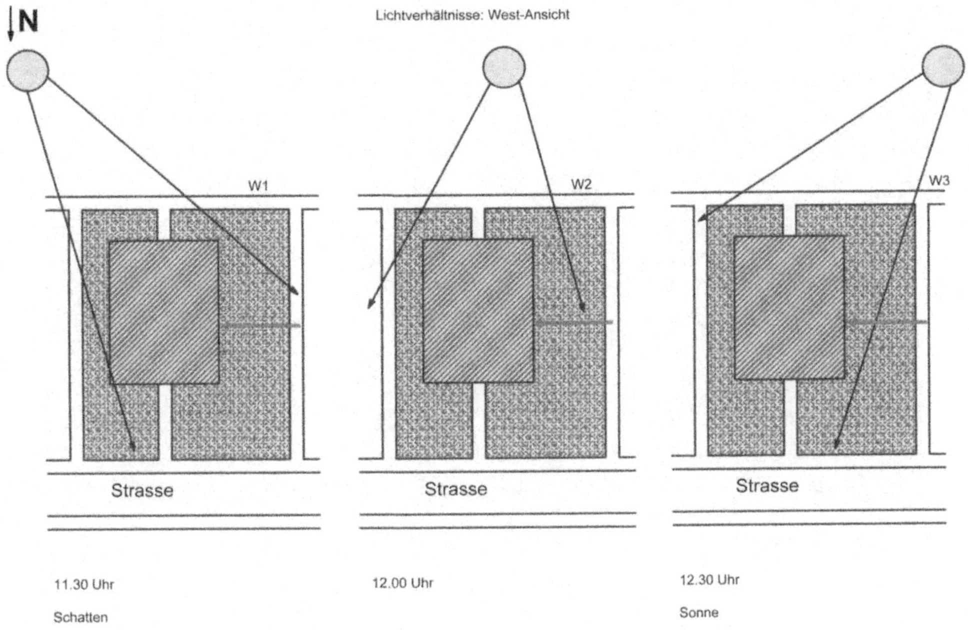

Abb. 6.2 – 5: Sonnenstand-Westseite, dicker Pfeil zeigt Standpunkt des Betrachters

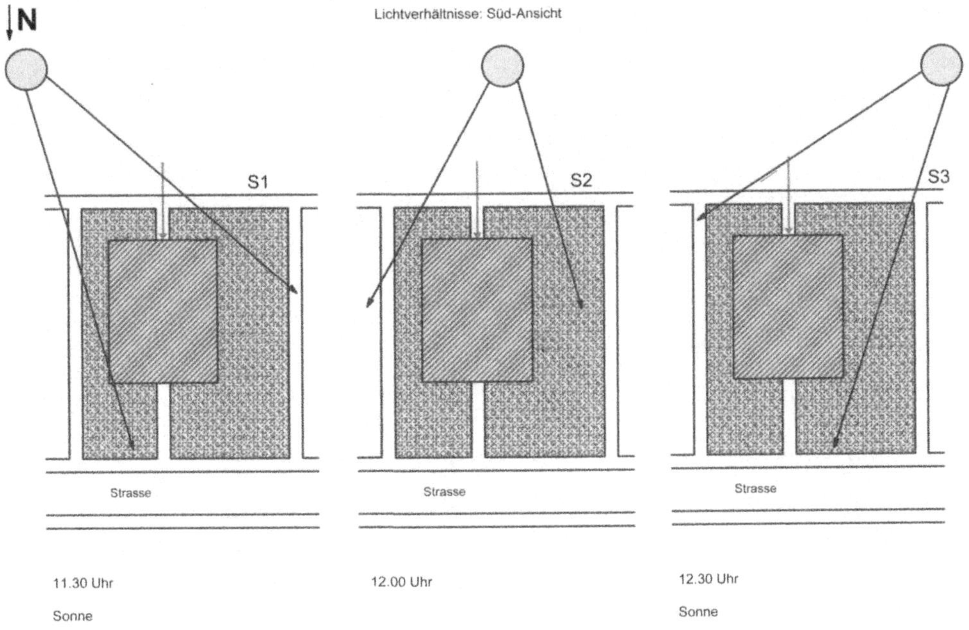

Abb. 6.2 – 6: Sonnenstand Süd-Seite, dicker Pfeil zeigt Standpunkt des Betrachters

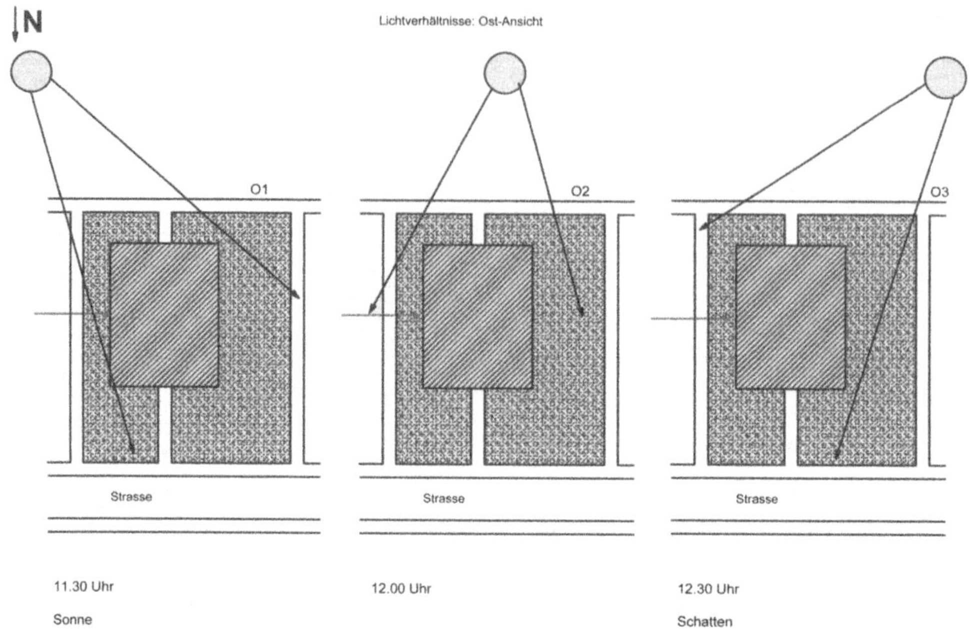

Abb. 6.2 – 7: Sonnenstand Ost-Seite, dicker Pfeil zeigt Standpunkt des Betrachters

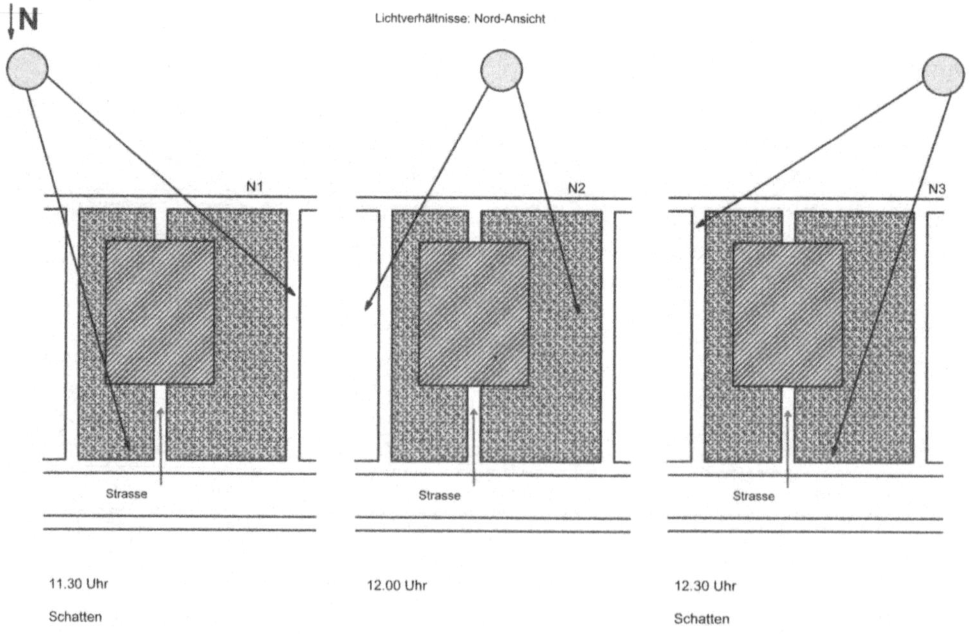

Abb. 6.2 – 8: Sonnenstand Nord-Seite, dicker Pfeil zeigt Standpunkt des Betrachters

Aus der Tabelle 6.2 – 4 wird deutlich, dass die Besichtigung einer Fassade zu unterschiedlichen Tageszeiten unterschiedliche Lichtverhältnisse aufweist. Daraus folgt, dass der Betrachter zu verschiedenen Tageszeiten zu unterschiedlichen Ergebnissen kommen kann.

Für jede Fassadenansicht ist eine eigene Bewertung aufzustellen.

Das Beispiel aus **Abb. 6.2 – 8** – 8 verdeutlicht, dass die Nord- Ansicht, die ständig im Schatten liegt, eine geringere Minderung erhält, als die Süd- Seite, welche ständig von der Sonne angestrahlt wird.

Alle vier Ansichten ergeben in der Addition ihrer Minderungswerte die Gesamtminderung.

Tab. 6.2 – 4: Lichtverhältnisse zu verschiedenen Tageszeiten

Ansicht	**Sonne vormittags**	**Sonne mittags**	**Sonne abends**	**Bemerkungen**
West	Abb. W1 Schatten	Abb. W2 Streiflicht	Abb. W3 Sonne	
Süd	Abb. S1 Sonne	Abb. S2 Sonne	Abb. S3 Sonne	
Ost	Abb. O1 Sonne	Abb. O2 Streiflicht	Abb. O3 Schatten	
Nord	Abb. N1 Schatten	Abb. N2 Schatten	Abb. N3 Schatten	

<table>
<tr><td colspan="3">Begehungsprotokoll vom ------------</td></tr>
<tr><td>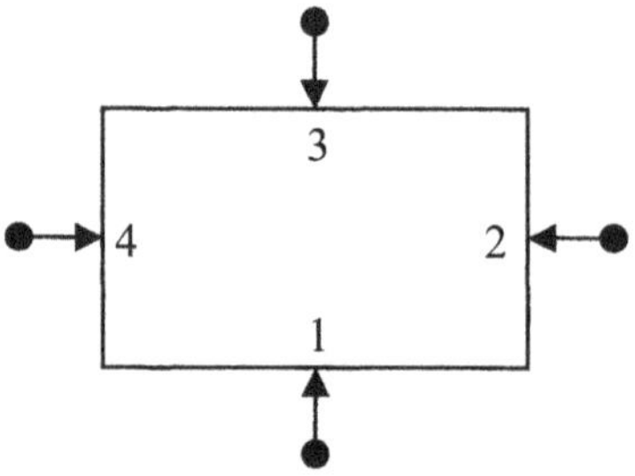
</td><td>Fassaden-Ansicht:
1 = Süd, West, Nord, Ost
2 = Süd, West, Nord, Ost
3 = Süd, West, Nord, Ost
4 = Süd, West, Nord, Ost</td><td></td></tr>
<tr><td colspan="3">1.) Erfassung von: ______________________
Eingetragen auf Skizze, siehe nächste Seite</td></tr>
<tr><td>2.) Betrachtungsabstand:</td><td>siehe Abb. 6.2 – 1

m_1 = ______________m</td><td>m_2 = ______________
m</td></tr>
<tr><td>3.) Lichtquelle:</td><td>siehe Abb. 6.2 – – 4

O Fassade im Gegenlicht
O Fassade im Schatten
O Sonne von „oben“
O Sonne im „Rücken“
O Sonne von „links/rechts“</td><td>Skizze:</td></tr>
<tr><td colspan="3">4.) Bemerkungen:</td></tr>
</table>

Abb. 6.2 – 9: Anforderungsprofil für die Dokumentation

6.2.5 Musterflächen, Referenzobjekte

Musterflächen, sog. Referenzflächen bzw. Erprobungsflächen sind unter normalen handwerklichen, witterungsbedingten Gegebenheiten auszuführen.

Darin enthalten müssen alle „Details" entsprechend dem Anforderungsprofil (siehe Tab. 6-4.2) sein.

6.2.6 Maßtoleranzen

Nach der DIN 18 201, Abs. 6.1 [1.60] ist das Einhalten von Toleranzen nur zu prüfen, wenn es erforderlich ist.

Eventuelle Abweichungen von Bauteilen, die die Funktion oder die Gestaltung nicht beeinflussen, sind kein Anlass von Beanstandungen, nur weil die Genauigkeiten nicht ganz den zulässigen Toleranzen der DIN 18 202 [1.21] bzw. 18 203 [1.22] entsprechen.

Lediglich bei optischer Beeinträchtigung, wo die Abweichungen sehr auffällig sind oder wenn Passungsfunktionen erfüllt werden müssen (z. B. Sichtbeton-Fertigteile), ist eine Prüfung erforderlich.

Eine stichprobenartige Prüfung reicht demzufolge aus, und dies während bzw. spätestens nach Herstellung eines Gewerkes und nicht erst bei der Abnahme („Mängel" während der Abnahme „suchen").

6.3 Fassadenfunktion

Zielbaum: Fassadenfunktion Außenwand

Damit der „Subjektivität" nicht zu viel Spielraum gegeben wird, wird der „SOLL"-Zustand nachempfunden und definiert.

Die unterschiedliche Interpretation der Leistungsbeschreibung „Sichtbeton" führt aufgrund immer größer werdender Erwartungshaltungen immer häufiger zu Streit.

Die Ursache liegt meist darin, dass Bauwerke mit Bühnenbildern verwechselt werden sowie fehlende Grundkenntnisse der Baustoffe und Bauchemie und deren praxisgerechte Umsetzung in die Planung.

Unter **Geltungswert** (Geltungsfunktion) versteht man die rein optische Bedeutung (ästhetischer Wert) der erbrachten Leistung (z. B. Farbton).

Unter **Gebrauchswert** (Gebrauchsfunktion) versteht man die rein technische Funktion (technischer Nutzwert der erbrachten Leistung), z. B. Wetterschutz, Korrosionsschutz, Dichtigkeit usw.

Beide Werte zusammen, also Geltungswert und Gebrauchswert, ergeben den Gesamtwert einer fehlerfreien Leistung = 100 %.

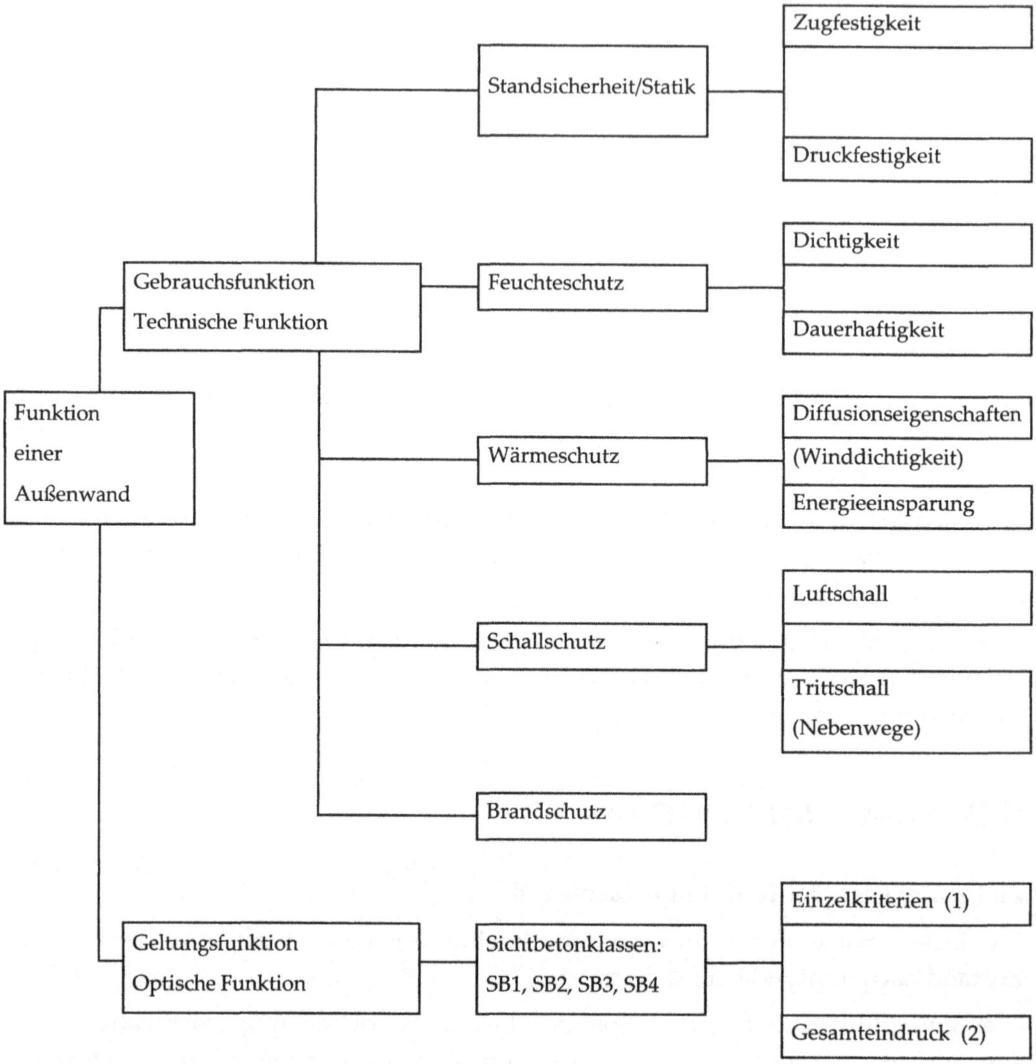

Abb. 6.3 – 1: Fassadenfunktion

(1) Einzelkriterien: Die Einzelkriterien und deren Einstufung werden ausführlich im Buch „Sichtbeton-Mängel" [2.3] behandelt.

(2) Gesamteindruck: siehe Kapitel 6.5.2.

6.4 SOLL-Zustand

Auszug aus dem Sichtbeton-Merkblatt [1.57]:

„...zusammengetragene Empfehlungen keine absolute Größe darstellen. Die Leistung ist vielmehr eindeutig zu spezifizieren, ordnungsgemäß auszuschreiben und von qualifizierten Unternehmen zu erbringen."

Eine eindeutige Aussage sollte im Sinn der DIN 820 [1.58] bzw. den nachfolgenden modalen Hilfsverben erfolgen.

Tab. 6.4 – 1: Modale Hilfsverben nach DIN 820- T23

<table>
<tr><th>Modale Hilfsverben</th><th colspan="2">Bedeutung</th><th>Gründe, die zur Wahl des Hilfsverbums führen (Beispiele)</th></tr>
<tr><td>muss
müssen</td><td>Gebot</td><td rowspan="2">unbedingt fordernd</td><td rowspan="2">Äußerer Zwang, wie durch Rechtsvorschrift, sicherheitstechnische Forderung, Vertrag oder innerer Zwang, wie Forderung der Einheitlichkeit oder der Folgerichtigkeit</td></tr>
<tr><td>darf nicht
dürfen nicht</td><td>Verbot</td></tr>
<tr><td>soll
sollen</td><td rowspan="2">Regel</td><td rowspan="2">bedingt fordernd</td><td rowspan="2">Durch Verabredung oder Vereinbarung freiwillig übernommene Verpflichtung, von der nur in begründeten Fällen abgewichen werden darf.</td></tr>
<tr><td>soll nicht
sollen nicht</td></tr>
<tr><td>darf
dürfen</td><td rowspan="2">Erlaubnis</td><td rowspan="2">freistellend</td><td rowspan="2">In bestimmten Fällen darf von dem durch Gebot, Verbot der Regel Gegebenen abgewichen werden, z. B. eine gleichwertige Lösung, gewählt werden</td></tr>
<tr><td>muss nicht
müssen nicht</td></tr>
</table>

Auf Grundlage eines „Anforderungsprofil“ muss Sichtbeton definiert, d.h. beschrieben werden:

Tab. 6.4 – 2: Anforderungsprofil, schemenhaft

Sichtbetonklasse	**SB1, SB2, SB3, SB4**
Schalhautklassen	glatt, texturiert
Betonzusammensetzung	z. B. farbiger Beton
Toleranzen	Ebenheit
Fugenaufteilung	Ansichtszeichnungen
Ankerlöcher	Verschlussart
Befestigungspunkte	Nagel- und Schraublöcher
Plattenstöße	Schließung, Grate
Arbeitsfugen	Zeit- und Betoniermöglichkeit
Porigkeit	Porigkeitsklassen, Lunker
Beanstandungen	Reparaturgrenzen
Vertrag	„vertragen“, Schiedsgutachten

Eine „eindeutige und erschöpfende“ Ausschreibung („mit Worten geplant“) und Ausführungspläne gem. DIN 1356-1 [1.59] sowie eine Sichtbeton Definition ist daher unerlässlich.

6.5 IST-Zustand/Erfassung

6.5.1 Einzelkriterien/Technische Fehler/Mängel bedingt durch:

- Planung
- Material
- Schalung
- Trennmittel
- Bewehrung
- Betonverarbeitung

Auf die Einzelkriterien bei der Bewertung der Gebrauchsfunktion wird auf das Buch *Sichtbeton-Mängel* [2.3] verwiesen.

Darin werden die Sichtbetonmängel gutachterlich eingestuft sowie Hinweise zur Mängelbeseitigung bis zur Betoninstandsetzung gegeben.

6.5.2 Gesamteindruck/Sichtflächenbetrachtung

Das Objekt ist unter gebrauchsüblichem Abstand zu betrachten.

Eventuelle optische Beeinträchtigungen sind für jeden nachvollziehbar in einem Protokoll festzuhalten, d. h.:

- Beanstandungen z. B. „netzartige Risse“
- Betrachtungsabstand
- Lichtquelle
- Fotodokumentation.

Es reicht nicht aus, eine pauschale Mängelbehauptung aufzustellen, z. B. „Die Fassade weist Risse auf“

Es muss genau beschrieben werden:

- Die Lage der Beanstandung(z. B. Risse)
- Der eventuelle Rissverlauf (Skizze)
- Rissbreite, evtl. Risstiefe usw.

6.6 Fassaden-Verschmutzung

Wann stellen ungleichmäßige Schmutzablagerungen einen Mangel dar?

Wo liegt der Unterschied zwischen der akzeptierten „Patina“ und der negativen Fassaden-Verschmutzung?

Ist der Architekt verpflichtet, den Bauherrn auf zu erwartende Verschmutzungen hinzuweisen?

Stellt die Abweichung „makelloser Entwurf/Verschmutzung“ einen Planungsfehler dar?

All diese o. ä. Fragen treten immer wieder auf bei Sichtbeton-Bewertungen.

Wenn ich weiß, dass fehlende konstruktive Maßnahmen (z. B. Gefälle) zu Abweichungen und Schäden führen, dann muss ich als Planer entsprechend reagieren.

Verschmutzungen dürfen nicht gleichgesetzt werden mit einer „Patina“. „Strukturierungen“ in der Fassadenfläche sollen Verschmutzungen nicht kaschieren, sondern sollen diese durch konstruktive Ausbildungen, z. B. durch Gefälle, vermieden werden.

Bei der Planung von An- und Abschlüssen haben bautechnische Anforderungen Vorrang vor gestalterischen Aspekten. Dies gibt einen ständigen Streit zwischen dem Entwurfs- und dem konstruktiven Planer.

Die Natur lehrt uns allein durch das Hinsehen, was falsch oder was richtig ist!

Deshalb steht im Sichtbeton-Merkblatt [1.57] u. a.:

„Bei bewitterten Ansichtsflächen muss eine kontrollierte Ableitung des Regenwassers geplant werden, um Schmutzfahnen auf der Betonfläche zu verhindern."

Eine unkontrollierte Verschmutzung der Fassade kann auf Dauer verhindert werden durch richtige Ausbildung der baulichen Details.

Richtiges Konstruieren (aus dem Lateinischen übersetzt = zusammenfügen) muss vom planenden Unternehmen wieder erlernt werden.

Baukonstruktion muss „in Fleisch und Blut" übergehen. Jedoch wer lehrt uns dies noch? Im Sichtbeton- Atlas [2.5] werden diverse Detail-Vorschläge dargestellt.

Inzwischen gibt es Gerichtsurteile, die Fassaden-Verschmutzungen als „Mangel" beurteilen.

Wie bewerte ich als Sachverständiger Fassaden-Verschmutzung?

Auch hier laufen z. Zt. beim Autor dieses Buches Untersuchungen zum Thema „Fassaden-Verschmutzung" deren Ergebnisse in einer Neuauflage veröffentlicht werden.

6.7 SOLL-IST Beurteilung

Die Fassade (franz. face = Angesicht) ist das „Gesicht des Gebäudes".

Die Oberfläche wird mit Geltungsfunktionen (optische Funktion) bezeichnet.

Die Funktion ist erfüllt, wenn der visuell wahrnehmbare Gesamteindruck der Fassade bzw. der Fläche der Gestaltungsabsicht entspricht, die im Gebäudeentwurf festgelegt und durch Werkplanung und Leistungsbeschreibung präzisiert ist.

Dies kann erreicht werden, wenn die einzelnen Teilflächen frei sind von unbeabsichtigten Unregelmäßigkeiten hinsichtlich ihrer Farbe, ihrer Struktur und ihrer Form.

Die Forderung nach ungestörtem Aussehen aller Flächen gilt für alle, unabhängig vom Baustoff.

Wobei gerade beim Sichtbeton mit gewissen Einschränkungen zu rechnen ist.

Da die Helligkeit (Farbnuancen) bzw. Farbdifferenzen des Betons nicht immer in der Absicht des Planenden liegen, muss er die in der Praxis vorkommenden Einschränkungen kennen und sie in der Leistungsbeschreibung berücksichtigen.

Zu empfehlen ist eine genaue Festlegung der Bandbreite an einer Musterfläche vor Ort.

Der Hinweis auf ein bestehendes Objekt als „Muster" bzw. Referenzobjekt ist hilfreich, jedoch nicht ausreichend.

6.8 Berechnung der Minderung

6.8.1 Minderung auf Grundlage: Gewichtung

Liegt eine Vereinbarung über eine Sichtbeton-Klasse nicht vor, ist die Fassade im Sinne der Zielbaummethode [nach Geltungs-, bzw. Gebrauchswert zu wichten.

Beispiel:

Geltungswert und Gebrauchswert nach Gebäudetypen (Luxushotel/Lagerhaus) eingestuft: siehe Tabelle 6.2 – 3.

Für die Ermittlung eines Minderwertes z. B. nach der „Zielbaummethode" sind folgende Festlegungen wichtig:

- **Absolute Gewichtung**; Wert und Beurteilungskriterien einzelner Funktionen, Bauteile und Räume zueinander, z. B. bei der Außenwand nach Standsicherheit, Feuchte-, Wärme- und Schallschutz sowie optischer Eindruck, **mit einer Gewichtungszahl.**
- Der **Bezug auf einen Größenmaßstab**, z. B. nach Stück, m^2, m^3, Prozent.
- Die Bestimmung eines Minderungsfaktors anhand der Minderungsskala.

Gewichtungszahl:

Mit der Gewichtungszahl „G" erfolgt eine Gewichtung der Teilwerte des Gesamt-Bewertungsobjektes in Bezug auf die Funktion, Gestaltung, Optik und Wirtschaftlichkeit sowie den Verkaufswert nach deren Bedeutung im Einzelfall.

Summe der Gewichtungszahlen: $G_1 + G_2 + G_3 \ldots = 100\ \%$

Minderungsfaktor: (Mi Fa):

Mit dem Minderungsfaktor kann aufgrund einer skalierten, abgestuften Beurteilung des „IST"-Zustandes im Vergleich zum „SOLL"-Zustand die Minderung des optischen Wertes der Fassade vorgenommen werden.

Berechnungsformel:

Aus der Multiplikation der Gewichtungszahl „G"

mit dem Minderungsfaktor „Mi Fa"

wird die **Minderung „M"** in % nach folgender Formel ermittelt:

$$M = G \times Mi\ Fa$$

Tab. 6.8 – 1: Skalierung der Minderungsfaktoren für die Zielbaummethode

0	**SOLL-Zustand = mangelfrei**	**0,00**	**keine Mängel**
1	fast nicht beeinträchtigt	0,10	fast keine Mängel
2	etwas beeinträchtigt	0,20	nur leichte Mängel
3	noch befriedigend	0,30	mäßige Mängel
4	nicht ganz befriedigend	0,40	deutliche Mängel
5	unbefriedigend	0,50	starke Mängel
6	mangelhaft	0,60	sehr starke Mängel
7	sehr mangelhaft	0,70	schwere Mängel
8	unzulänglich	0,80	sehr schwere Mängel
9	ungenügend	0,90	massive Mängel
10	unverwertbar	1,00	

Tab. 6.8 – 2: Fassade/Bauteil, Minderung auf Grundlage der Gewichtung[1]

Spalte/ Zeile	Sichtbeton-Fassade	Gewichtung Sichtbeton (vgl. Tab. 6.2–3)			Abweichung siehe Skalierung	%-Berechnung der Minderung	Bemerkungen
		Vorzeigebereich 1	Normalbereich 2	Nebenbereich 3	4	5	6
	Gebrauchsfunktion %	**30**	**40**	**50**			
1	Standsicherheit						
2	Wetterschutz						
3	Wärmedämmung						
4	Schallschutz						
	Geltungsfunktion %	**70**	**60**	**50**			
5	Textur/ Schalelementstoß		10		0,10	1,0	
6	Porigkeit		5		0,10	0,5	
7	Farbtongleichmäßigkeit		30		0,60	18,0	
8	Ebenheit		5		0,20	1,0	
9	Arbeits- und Schalhautfugen		10		0,40	4,0	
		100	100	100			
	Summe technische Minderung					24,5	

<u>Erläuterung:</u> Spalte 5 = Spalte 2 x Spalte 4

[1] Muster d. h. nicht auf jedes Bauteil übertragbar.

6.8.2 Minderung auf Grundlage: Sichtbetonklassen

Wurden die Sichtbeton-Leistungen mit Sichtbetonklassen definiert und vertraglich vereinbart kann eine Bewertung wie in Tabelle 6.8 – 3 dargestellt aussehen. Die evtl. Abweichungen erfolgt auf Grundlage einer Skalierung

Tab. 6.8 – 3: Fassade/Bauteil, Minderung auf Grundlage der Sichtbeton-Klassen[2]

Spalte/ Zeile	Sichtbeton-Fassade	Sichtbeton-Klassen (vgl. Tab. 6.2–1)				Abweichung siehe Skalierung	%-Berechnung der Minderung	Bemerkungen
		SB 1 1	SB 2 2	SB3 3	SB4 4	5	6	7
	Gebrauchsfunktion %	60	50	40	30			
1	Standsicherheit							
2	Wetterschutz							
3	Wärmedämmung							
4	Schallschutz							
	Geltungsfunktion %	40	50	60	70			
5	Textur/ Schalelementstoß			10		0,10	1,0	
6	Porigkeit			5		0,10	0,5	
7	Farbtongleichmäßigkeit			30		0,60	18,0	
8	Ebenheit			5		0,20	1,0	
9	Arbeits- und Schalhautfugen			10		0,40	4,0	
		100	100	100				
	Summe technische Minderung				24,5			

Erläuterung: Spalte 6 = Spalte 3 x Spalte 5

[2] Muster, d. h. nicht auf jedes Bauteil übertragbar.

Die Sichtbetonklassen (SB1-SB4) sind dem BDZ-Sichtbeton-Merkblatt [1.57] entnommen.

Beispiel:

Vereinbart: SB 3

Beanstandungen: Starke Marmorierungen/Farbunterschiede, großflächig „andersfarbig“ gespachtelt.

Hinweis:

Der Sachverständige ermittelt eine technische Minderung. Die Aussage zu einer „Wertminderung“ ist dem Juristen überlassen.

Das o. g. Verfahren bedarf einer Sachverständigen-Erfahrung.

7 Sichtbeton-Bauten

Im Sichtbeton-Atlas [2.5] werden Sichtbeton-Bauten, Details usw. vorgestellt

Sichtbeton – „ungeschminkt" in seiner „nackten" Konsequenz.

Für den Leser bzw. Anwender oder auch Planer von Sichtbeton werden in diesem Buch gelungene Sichtbeton-Bauten mit Arbeitshinweisen vorgestellt. Ihnen soll ermöglicht werden, einen schwierigen Baustoff zu begreifen, mit fachkundigem Wissen Vor- und Nachteile des Baustoffes als „ungeschminkte" Wahrheit zu akzeptieren.

Abb. 7 – 1: Sichtbeton als konstruktives Element

Abb. 7 – 2: Sichtbeton als konstruktives und gestalterisches Element

Abb. 7 – 3: Sichtbeton „Pflanzkübel"

Abb. 7 – 4: Organische Sichtbetonformen

Abb. 7 – 5: Formspielereien mit Sichtbeton

Abb. 7 – 6: Skulpturales Erscheinungsbild einer Sichtbeton-Fassade

8 Anlage: Tabellen

Tabelle 1: Leistungsprobe Schalungshautplatten

Platten-Typ	Bel. Richt.	Erster Durchgang	Zweiter Durchgang
Spanplatte, 3-fach	LP	11,3 / 2,5	20,00 / 9,00
Spanplatte, 3-fach	QP	7,66 / 1,33	12,5 / 7,16
Tipla-Stab/3, De/1,6, bef.	LP	8,67 / 1,0	17,33 / 8,17
Tipla-Stab/3, De/1,6, bef.	QP	4,0 / 0,67	8,5 / 3,83
Tipla-Stab/3, De/2,0, beh.	LP	21,67 / 8,5	33,66 / 17,33
Tipla-Stab/3, De/2,0, beh.	QP	4,83 / 1,0	10,33 / 5,5
Tipla-Stab/3, De/2,0, bef.	LP	8,33 / 1,16	28,0 / 18,33
Tipla-Stab/3, De/2,0, bef.	QP	5,5 / 0,67	10,33 / 5,17
Tipla-Stab/3, De/3,0, bef.	LP	5,87 / 3,16	11,0 / 5,5
Tipla-Stab/3, De/3,0, bef.	QP	7,44 / 1,68	11,0 / 4,56
Tipla-Stab/3, De/3,0, beh.	LP	5,67 / 2,0	10,16 / 4,5
Tipla-Stab/3, De/4,0 Spanplatte, bef.	LP	5,5 / 0,83	17,0 / 11,83
Tipla-Stab/5, De/1,0 ; Ab/3,0	LP	6,0 / 1,83	10,0 / 5,0
Tipla-Stab/5, De/1,0; Ab/3,0, bef.	QP	5,66 / 1,0	10,0 / 5,33
Tipla-Stab/5, De/1,5; Ab/2,0, bef.	LP	4,1 / 1,5	6,2 / 3,2
Tipla-Stab/5, De/1,0; Ab/2,0, bef.	QP	13,25 / 5,25	25,25 / 17,0
Tipla-Stab/5-sch., De = Ab/1,6, bef.	LP	5,0 / 1,33	6,0 / 2,0
Tipla-Stab/5-sch., De = Ab/1,6, bef.	QP	7,0 / 0,83	14,0 / 6,33
Tipla-Stab/9	LP	5,0 / 2,0	4,5 / 1,0
Tipla-Stab/9	QP	5,5 / 2,5	4,0 / 1,0
Tipla-Stäb/3, De/4,0 Spanplatte, bef.	LP	6,5 / 1,0	12,83 / 5,83
Tipla-Stäb/3, De/1,6; Mi/Na, bef.	LP	9,0 / 2,17	22,33 / 13,66
Tipla-Stäb/3, De/1,6; Mi/Na, bef.	QP	3,83 / 0,83	9,66 / 4,5
Tipla-Stäb/3, De/2,0; Mi/Ex, bef.	LP	9,5 / 1,83	18,33 / 8,83
Tipla-Stäb/3, De/2,0; Mi/Ex, bef.	QP	6,66 / 0,83	12,16 / 5,33

Tabelle 1: (Fortsetzung)

Platten-Typ		Bel. Richt.	Erster Durchgang	Zweiter Durchgang
Tipla-Stäb/3, De/3,0; Mi/Na, 2 x bef.		LP	3,5 / 0,66	9,33 / 4,66
Tipla-Stäb/3, De/3,0; Mi/Na, 2 x bef.		QP	3,66 / 0,5	13,83 / 7,0
Tipla-Stäb/5-sch., De + Ab/1,6; Mi/Na, bef.		LP	4,33 / 0,66	13,0 / 8,83
Tipla-Stäb/5-sch., De + Ab/1,6; Mi/Na, bef.		QP	7,66 / 1,17	15,66 / 7,83
Drei-Pla, Na		LP	3,6 / 1,33	8,6 / 6,1
Fupla-7/Na	19 mm	LP	12,0 / 7,5	18,0 / 13,83
Fupla-7/Na	21 mm	LP	2,75 / 2,25	9,5 / 5,5
Fupla-9/Na		LP	9,62 / 5,62	21,5 / 15,75
Fupla-11/Co, bef.		LP	3,33 / 0,5	12,16 / 8,33
Fupla-11/Co, bef.		QP	8,0 / 2,17	17,5 / 10,16
Fupla-13/Co, bef.		LP	4,55 / 1,11	11,38 / 7,33
Fupla-13/Co, bef.		QP	6,16 / 0,88	18,33 / 11,94
Fupla-15/Bi, bef.		LP	7,37 / 2,12	13,6 / 9,0
Fupla-15/Bi, bef.		QP	6,3 / 1,7	17,4 / 8,3
Fupla-15/Co, bef.		LP	4,42 / 0,58	11,38 / 5,75
Fupla-15/Cp, bef.		QP	5,08 / 1,0	12,75 / 7,08

Zum besseren Verständnis die nachstehenden Erklärungen:

Tipla-Stab/3	= Stab-Sperrholz gem.	DIN 68 791 / 3-fach [1.53]
Tipla-Stäb./5	= Stäbchen-Sperrholz gem.	DIN 68 791 / 5-fach [1.53]
Drei-Pla	= Dreischichtenplatte gem.	DIN 18 215 [1.23]
Fupla-7 bis 15	= Furnier-Sperrholz gem. mit der jeweiligen Lagenzahl	DIN 68 792 [1.54]
LP bzw. QP	= Deckfurnier längs bzw. quer zum Plattenformat	
De bzw. Ab	= Deck- bzw. Absperrfurnier	
Bef. bzw. beh.	= Oberfläche befilmt bzw. beharzt	
Mi/Ex bzw. Mi/Na	= Mittellage Exoten bzw. Nadelholz	

Bei den Tipla mit dem Vermerk „-sch" handelt es sich um parallel verleimte De-Ab-Furniere.

Tabelle 2: Ermittlung für lichte Unterstützungsweiten

	Test-Durchbiegewerte: (f test)									
Belastung:	0,5	1,0	1,5	2,0	2,5	3,0	3,5	4,0	4,5	5,0
1,0 to/m²	110	87	76	69	64	61	58	55	53	51
2,0 to/m²	87	69	61	55	51	48	46	44	42	41
3,0 to/m²	76	61	53	48	45	42	40	38	37	35
4,0 to/m²	69	55	48	44	41	38	36	35	33	32
5,0 to/m²	61	48	42	38	35	33	32	30	29	28
6,0 to/m²	58	46	40	38	34	32	30	29	28	27
	5,5	6,0	6,5	7,0	7,5	8,0	8,5	9,0	9,5	10,0
1,0 to/m²	49	48	47	46	45	44	43	42	41	41
2,0 to/m²	39	38	37	36	35	35	34	33	33	32
3,0 to/m²	34	33	32	32	31	30	30	29	29	28
4,0 to/m²	31	30	29	29	28	28	27	26	26	26
5,0 to/m²	27	28	28	25	25	24	24	23	23	22
6,0 to/m²	26	25	24	24	23	23	22	22	22	21
	10,5	11,0	11,5	12,0	12,5	13,0	13,5	14,0	14,5	15,0
1,0 to/m²	40	39	39	38	38	37	37	36	36	35
2,0 to/m²	32	31	31	30	30	29	29	29	28	28
3,0 to/m²	28	27	27	26	26	26	25	25	25	25
4,0 to/m²	25	25	24	24	24	23	23	23	22	22
5,0 to/m²	22	22	21	21	21	20	20	20	20	19
6,0 to/m²	21	21	20	20	20	19	19	19	19	19
	15,5	16,0	16,5	17,0	17,5	18,0	18,5	19,0	19,5	20,0
1,0 to/m²	35	35	34	34	34	33	33	33	32	32
2,0 to/m²	28	28	27	27	27	26	26	26	26	26
3,0 to/m²	24	24	24	24	23	23	23	23	23	22
4,0 to/m²	22	22	22	21	21	21	21	21	20	20
5,0 to/m²	19	19	19	19	19	18	18	18	18	18
6,0 to/m²	18	18	18	18	18	17	17	17	17	17
	20,5	21,0	21,5	22,0	22,5	23,0	23,5	24,0	24,5	25,0

Tabelle 2: (Fortsetzung)

	Test-Durchbiegewerte: (f test)									
Belastung:	0,5	1,0	1,5	2,0	2,5	3,0	3,5	4,0	4,5	5,0
1,0 to/m²	32	32	31	31	31	31	31	30	30	30
2,0 to/m²	25	25	25	25	25	24	24	24	24	24
3,0 to/m²	22	22	22	22	22	21	21	21	21	21
4,0 to/m²	20	20	20	19	20	19	19	19	19	18
5,0 to/m²	18	17	17	17	17	17	17	17	16	16
6,0 to/m²	17	17	16	16	16	16	16	16	15	15

Basis: L/300, ca. 1 mm bei Messstrecke von 30 cm.

Bei allen Werten handelt es sich um lichte Weiten in cm, denen die Auflagerbreite (Achsmaß) hinzuzufügen ist.

Tabelle 3: Stab-Sperrholz/3-fach aufgebaut

Lfd. Nr.	Typ Holzart Plattenaufbau	Ausgangs-Feuchte in %	Ausgangs-Dicke in mm	End-Feuchte in %	End-Dicke in mm	Differenz Feuchte/Dicke % / mm
1	2	3	4	5	6	7
1	3-fach	8	22,4	34	23,4	26 / 1,0
	4 mm Span-Deck	10	22,7	24	24	14 / 1,3
		8	22,6	26	23,6	18 / 1,0
2	3-fach	19	21	34	22,8	15 / 1,8
	1,6 mm Ex.-Deck	20	20,9	34	22,5	14 / 1,6
	befilmt	17	21,1	34	22,3	17 / 1,2
		24	21,2	34	22,7	10 / 1,5
		17	21,4	34	22,5	17 / 1,1
		20	21,3	34	22,8	14 / 1,5
3	3-fach	18	20	24	21,2	6 / 1,1
	2,0 mm Ex.-Deck	16	20	23	21,4	7 / 1,4
	beharzt	17	19,8	34	21,1	17 / 1,3
		17	19,8	34	21,7	17 / 1,9
		18	20	34	21,5	16 / 1,5
		17	19,9	34	21,4	17 / 1,5
4	3-fach	18	21,5	34	22,8	16 / 1,3
	2,0 mm Ex.-Deck	12	21,5	30	22,2	18 / 0,7
	befilmt	12	21,6	22	23	10 / 1,4
		14	21,5	34	22,8	20 / 1,3
		15	21,6	34	23,2	19 / 1,6
		12	21,5	34	22,2	22 / 0,7
5	3-fach	16	21,3	34	22,8	18 / 1,5
	3,0 mm Ex.-Deck	16	21,5	34	23,3	18 / 1,8
	befilmt	20	21,3	28	23,1	8 / 1,8
		18	21,5	24	22,9	6 / 1,4
		18	21,4	28	23,2	10 / 1,8
		19	21,4	34	22,9	15 / 1,5
		17	21,4	28	22,8	11 / 1,4
		19	21,2	34	22,7	15 / 1,5
		17	21,5	34	23,2	17 / 1,7
		15	21,5	20	22,4	5 / 0,9
		9	21,3	20	22,1	11 / 0,8

Tabelle 3: (Fortsetzung)

Lfd. Nr.	Typ Holzart Plattenaufbau	Ausgangs-Feuchte in %	Ausgangs-Dicke in mm	End-Feuchte in %	End-Dicke in mm	Differenz Feuchte/Dicke % / mm
1	2	3	4	5	6	7
5		9	21,2	24	22,1	15 / 0,9
		9	21,2	20	21,3	11 / 0,2
		8	21	18	22	10 / 1,0
		7	21,2	24	22,4	17 / 1,2
		8	21,1	22	21,9	14 / 0,8
6	3-fach	13	21,1	20	21,9	7 / 0,8
	3,0 mm Ex.-Deck	12	21,2	20	21,8	8 / 0,6
	beharzt	12	21,1	22	21,7	10 / 0,6
		12	21,1	22	21,4	10 / 0,3
		11	21,3	34	22,1	23 / 0,8
		12	21,2	23	21,5	11 / 0,3

Tabelle 4: Stab-Sperrholz/5-fach bzw. 5-schichtig aufgebaut

Lfd. Nr.	Typ Holzart Plattenaufbau	Ausgangs-Feuchte in %	Ausgangs-Dicke in mm	End-Feuchte in %	End-Dicke in mm	Differenz Feuchte/Dicke % / mm
1	2	3	4	5	6	7
1	5-fach / befilmt	18	21,1	34	22,5	16 / 1,4
	Deck Ex. 1,0 mm	19	20,9	34	22,2	15 / 1,3
	Absp. Ex. 3,0 mm	18	21,1	34	22,5	16 / 1,4
		21	21,1	34	22,8	13 / 1,7
		20	21,2	34	22,9	14 / 1,7
2	5-fach / befilmt	17	22,4	22	23,3	17 / 0,9
	Deck Ex. 1,5 mm	17	22,4	34	23,7	17 / 1,3
	Absp. Ex. 2,0 mm	17	22,3	25	24,1	17 / 1,8
		16	22,2	21	23,1	18 / 0,9
		16	22,2	34	23,7	18 / 1,5
		12	21,5	23	24	22 / 1,5
3	5-sch. / befilmt	20	21,1	34	22,7	14 / 1,6
	Deck Ex. 1,6 mm	18	21	34	22,7	16 / 1,7
	Absp. Ex. 1,6 mm	17	21,1	34	22,7	17 / 1,6
	Parallelverlauf	15	21,1	34	22,4	19 / 1,4
		20	21,2	34	22,8	14 / 1,6
		19	21,1	34	22,8	15 / 1,7

Tabelle 5: Stäbchen-Sperrholz/3-fach bzw. 5-schichtig

Lfd. Nr.	Typ Holzart Plattenaufbau	Ausgangs-Feuchte in %	Ausgangs-Dicke in mm	End-Feuchte in %	End-Dicke in mm	Differenz Feuchte/Dicke % / mm
1	2	3	4	5	6	7
1	3-fach / befilmt	18	20,9	34	22,4	16 / 1,5
	Deck Ex. 1,6 mm	19	20,9	34	22,5	15 / 1,6
		15	21,1	34	22,6	19 / 1,5
		19	21,3	34	21,9	15 / 0,6
		21	21,2	34	22,5	13 / 1,3
		18	21,2	34	21,9	16 / 0,7
2	3-fach / befilmt	16	21,5	28	22,5	12 / 1,0
	Deck Ex. 2,0 mm	16	21,5	28	22,3	12 / 0,8
		16	21,6	18	21,9	2 / 0,3
		20	21,5	24	22,5	4 / 1,0
		19	21,5	28	22,1	9 / 0,6
		19	21,6	26	22,5	7 / 0,9
3	3-fach / befilmt					
	Deck Ex. 3,0 mm	9	21,3	34	22,7	25 / 1,4
		9	21,3	34	22,9	25 / 1,6
		9	21,3	34	23	25 / 1,7
		8	21,3	34	22,1	26 / 0,8
		9	21,4	34	22,7	25 / 1,3
		9	21,4	34	22,2	25 / 0,8
4	5-schichtig	23	21,2	34	22,5	11 / 1,3
	Deck Ex. 1,6 mm	19	21,2	34	22,6	15 / 1,4
	Absp. Ex. 1,6 mm	22	21,3	34	22,5	12 / 1,3
	Parallelverlauf	20	21,3	34	23	14 / 1,7
	befilmt	19	21,3	34	22,9	15 / 1,6
		19	21,2	34	22,4	15 / 1,2

Tabelle 6: Furnier-Sperrholz/vielschichtig (Multiplex)

Lfd. Nr.	Typ Holzart Plattenaufbau	Ausgangs- Feuchte in %	Ausgangs- Dicke in mm	End- Feuchte in %	End- Dicke in mm	Differenz Feuchte/Dicke % / mm
1	2	3	4	5	6	7
1	Douglasie fir	20	22	34	22,4	14 / 0,4
	roh I/III	20	22,1	34	22,7	14 / 0,6
	2-4-2-4 / 7-fach	24	22,4	34	23,35	10 / 0,95
2	Exoten	10	20,4	34	22,5	24 / 2,1
	roh	13	20,5	34	21,7	21 / 1,2
	3 / 7-fach					
3	Kiefer, roh	13	20,3	34	21,4	21 / 1,1
	9-fach	25	20,95	34	21,8	9 / 0,85
	1-2,5	26	20,95	34	21,9	8 / 0,95
4	Douglasie fir, roh	14	20,7	34	21,8	20 / 1,1
	I/III	13	20,85	34	21,4	21 / 0,65
	1-2,5 / 9-fach	12	20,8	34	22,15	22 / 1,35
5	Birke/Fichte					
	1,5-1,5-2,5-1,5	14	19,6	34	21,0	20 / 1,4
	befilmt / 11-fach	14	19,65	34	20,6	20 / 0,95
		14	19,75	34	20,25	20 / 0,5
6	Birke/Fichte	13	19,6	34	21,6	21 / 2,0
	1,5-1,5-2,5-1,5	12	19,5	34	20,8	22 / 1,3
	befilmt / 11-fach	14	19,75	34	21,2	20 / 1,45
7	Birke/Fichte	17	22,0	34	23,15	17 / 1,15
	1-1,5-1,5-1,5	16	21,7	34	22,9	18 / 1,2
	befilmt / 13-fach	16	21,9	34	23,15	18 / 1,25
8	Birke/Fichte	14	21,8	34	23,4	20 / 1,6
	1,0-1,5-1,5-1,5	16	21,7	34	23,2	18 / 1,5
	befilmt / 13-fach	18	21,75	34	22,95	16 / 1,2
9	Birke/Fichte	14	20,6	34	22,25	20 / 1,65
	1-1-1,5-3,0	14	21,0	34	21,8	20 / 0,8
	befilmt / 13-fach	14	20,9	34	21,95	20 / 1,05
10	Birke/Fichte	13	21,0	34	21,9	21 / 0,9
	1-1,5-1,5-1,5-2,5	14	20,9	34	22,1	20 / 1,2
	befilmt / 13-fach	15	20,9	34	22,15	19 / 1,25

Tabelle 6: (Fortsetzung)

Lfd. Nr.	Typ Holzart Plattenaufbau	Ausgangs-Feuchte in %	Ausgangs-Dicke in mm	End-Feuchte in %	End-Dicke in mm	Differenz Feuchte/Dicke % / mm
1	2	3	4	5	6	7
11	Birke/Fichte	15	20,25	34	21,3	19 / 1,05
	1,5	18	20,4	34	21,6	16 / 1,2
	befilmt / 13-fach	18	20,3	34	21,35	16 / 1,05
12	Birke/Fichte	14	20,65	34	21,7	20 / 1,05
	1,5	11	20,4	34	21,4	23 / 1,0
	befilmt / 13-fach	12	20,35	34	21,5	22 / 1,15
13	Birke	19	21,45	34	23,1	15 / 1,65
	1,5	19	21,9	34	22,75	15 / 0,85
	Siebdruck / 13-fach	20	21,8	34	23,7	14 / 1,9
14	Birke	17	20,95	34	22,5	17 / 1,55
	1-1,5	17	20,9	34	22,5	17 / 1,6
	Siebdruck / 15-fach	17	21,1	34	22,65	17 / 1,55
15	Birke	12	20,8	34	22,05	22 / 1,25
	1,0-1,5	12	20,65	34	21,9	22 / 1,25
	befilmt / 15-fach	17	19,75	34	20,75	17 / 1,0
		17	19,60	34	21,50	17 / 1,9
		18	19,20	34	19,95	16 / 0,75
		18	19,35	34	21,5	16 / 2,15
		18	19,2	34	21,65	16 / 2,45
16	Birke	15	20,6	34	21,75	19 / 1,15
	1,0-1,5	14	20,1	34	21,55	20 / 1,45
	befilmt / 15-fach	13	20,15	34	21,40	21 / 1,25
17	Birke/Fichte	13	20,35	34	20,85	21 / 0,50
	1,0-1,5	14	20,30	34	20,85	20 / 0,55
	befilmt / 15-fach	13	20,30	34	20,75	21 / 0,45

Tabelle 6: (Fortsetzung)

Lfd. Nr.	Typ Holzart Plattenaufbau	Ausgangs-Feuchte in %	Ausgangs-Dicke in mm	End-Feuchte in %	End-Dicke in mm	Differenz Feuchte/Dicke % / mm
1	2	3	4	5	6	7
18	Birke/Fichte	15	20,30	34	21,25	19 / 0,95
	1,0-1,5	14	19,85	34	21,55	20 / 1,70
	befilmt / 15-fach	13	20,15	34	21,65	21 / 1,50
		13	20,1	34	21,25	21 / 1,15
		13	20,4	34	21,45	21 / 1,05
		14	19,95	34	21,15	20 / 1,20
		13	19,9	34	21,1	21 / 1,20
		13	20,1	34	21,1	21 / 1,35
		13	19,85	34	20,9	21 / 1,05

Tabelle 7: Leistungs-Richtwerte

Zur Erläuterung der Übersicht zunächst ein Hinweis auf die verschiedenen Ziffer-Rubriken:

Nr. 1: Interne Nummernbezeichnung zwecks Nachfrage

Nr. 2: Kurzbezeichnung der Platten-Typen gem. DIN:

Stab-Sperrholz	- SST
Stäbchen-Sperrholz	- SSTAE
Furnier-Sperrholz	- SFU
Exotendeckfurnier	- E
Birkendeckfurnier	- B
Siebdruckvergütung	- S

Nr. 3: Anzahl der Lagen

Nr. 4: Ca-Wert der IST-Dicke in Millimetern

Nr. 5: Ca-Wert des ermittelten Brutto-Vergütungsgewichtes in Gramm/Quadratmeter

Nr. 6: Abrieb-Umdrehungen (2 x 1000 g) – ca. 50 % der Holzfläche sichtbar;

Nr. 7: Durchrieb-Umdrehungen (2 x 1000 g) – 100 %-iger Durchrieb der Vergütung bis zum Deckfurnier.

Nr. 8. Zu erwartende Mindesteinsatzhäufigkeit bei material- und fachgerechter Handhabung;

Nr. 9: Durchmesser des Schlageindrucks lt. DIN 53 799, Pos. 4.4.2 [1.50] in Millimeter.

Nr. 10: Rissanfälligkeitsfaktor (0 bis 10)
(höchste Qualität = 0)
Eigene Bewertung nach anwendungstechnischen Gesichtspunkten.

Nr. 11: Zusammenfassende, praxisbezogene Qualitätseinstufung (1 bis 10); optimale Wertung = 1.

Tabelle 7: Leistungs-Richtwerte

A bis M: Anonym gehaltene Fabrikationsbezeichnungen.

In allen Fällen handelt es sich um befilmte Platten. Beharzte bzw. imprägnierte Schalungen wurden in den Test nicht einbezogen.

	1	2	3	4	5	6	7	8	9	10	11
A	1-4	SFU	7 (E)	16	775	2250	2500	180	12	0,5	4
A	9/10	SFU	13 (E)	27	200	600	700	50	11	0,4	4
A	5-8	SFU	9 (E)	21,6	72	100	130	13	13	0,4	4
B	19/20	SFU	9 (E)	21,3	400	950	1050	95	10	0,3	3
B	17/18	SST	5 (E)	21,7	230	380	500	44	13	0,5	5
B	21/22	SST	5 (E)	21,2	90	100	200	19	11	0,5	4
C	29/34	SST	3 (E)	20,5	169	340	440	37	13	0,5	4
C	23-28	SST	3 (E)	20	90	150	200	18	14	0,6	5
D	35/37 + 41/43 47/49 + 50/52	SST	3 (E)	19,8	84	132	208	19	13	0,5	5
D	38/40 + 44/46	SST	3 (E)	19,8	184	340	450	40	13	0,5	5
E	53-58	SFU	15 (B)	20,4	110	150	260	19	10/11	0,4	3
E	59-64	SFU	15 (B)	20,4	160	280	430	40	9/10	0,3	3
E	65-70	SFU	15 (B)	20,4	260	600	800	62	8/10	0,1	2
F	71/76 + 83 ≥ 88	SST	3 (E)	21,2	185	320	440	38	14	0,5	4
F	77-82	SSTAE	3 (E)	21,2	190	330	450	40	15	0,5	4
G	89-91	SFU	9 (B)	12,7	256	500	700	58	9	0	1
G	92-94	SFU	9 (B)	12,7	253	540	750	63	10	0	1
G	95-97	SFU	9 (B)	12,2	261	550	700	63	11	0	1
G	98-100	SFU	9 (B)	12,4	233	450	600	48	10	0	1
G	101-106	SFU	9 (B)	12,2	294	530	650	60	10	0,2	2
H	113-118	SFU	11 (B)	15,2	116	150	250	26	10	0,3	2
H	119-124	SFU	9 (B)	12,1	176	280	410	42	10	0,3	2
H	107-112	SFU	9 (B)	11,9	282	730	910	83	14	0,7	6
I	134/136 + 140/142	SFU	15 (B)	20,7	170	150	320	33	10/11	0,3	3
I	128-130	SFU	9 (B)	11,8	159	150	370	36	9/10	0	1
I	137/139 + 143/145	SFU	11 (B)	16,4	166	160	340	34	10	0,3	2
I	152	SFU	13 (B)	17,2	164	120	250	34	10/11	0,3/0,4	3
I	153	SFU	13 (B)	17,1	164	200	350	32	10/11	0,5/0,6	4
I	154	SFU	13 (B)	17,2	128	120	250	23	10/11	0,4/0,5	4

Tabelle 7: (Fortsetzung)

	1	2	3	4	5	6	7	8	9	10	11
I	146-151 (S)	SFU	9 (B)	12,5	129	240	390	32	10/11	0	1
I	125/127 + 131/133	SFU	9 (B)	13,0	850	2250	2650	212	7/8	0	1
K	155/156	SFU	5 (B)	6,6	728	1900	2000	166	9/10	0,5/0,6	5
K	155,1 + 2	SFU	9 (B)	12,4	103	200	300	28	9	0,2/0,3	2
K	155,3 + 4	SFU	7 (B)	9,5	569	1600	1800	151	8/9	0,1/0,2	2
K	155,5 + 6	SFU	9 (B)	11,3	116	150	300	28	10/11	0,3/0,4	3
K	155,7 + 8 (S)	SFU	9 (B)	12,0	137	130	250	30	11	0	2
L	157-162	SST	3 (E)	21,2	108	150	200	19	13	0,5	4
L	163-168	SST	3 (E)	21,0	106	130	180	16	14	0,5	5
L	169-174	SST	3 (E)	20,8	112	135	185	15	11	0,4	4
L	175-180	SST	3 (E)	20,3	156	225	300	28	12	0,3/0,4	4
L	181-186	SST	3 (E)	20,5	212	360	490	39	12/13	0,3/0,4	4
L	187-192	SST	3 (E)	20,5	210	360	480	44	11	0,2/0,3	3
L	193-198	SST	3 (E)	20,8	264	410	510	48	11/12	0,4	4
M	231-238	SST	3 (E)	20,8	146	180	225	26	13	0,5	5
M	199-206	SST	3 (E)	20,4	215	280	330	36	13	0,5	5
M	215-222	SST	3 (E)	21,3	690	1250	1450	110	13	0,5	4
M	207-222	SST	3 (E)	22,5	735	1400	1600	110	12/13	0,5	5
M	223-226	SSTAE	3 (E)	21,3	610	1100	1200	110	11/12	0,3	3
M	227-230	SFU	11 (E)	21,2	560	550	560	110	12	0,5	4

Tabelle 8: Trennmittel-Prüfverfahren

Prüfung	Bei Identität größtzuverlässige Abweichung vom Soll-Wert	
Dichte	+ / - 0,05 g/ml	absolut
Viskosität	+ / - 10 %	relativ
Neutralisationszahl	+ / - 2 mg KOH/g	absolut
Verseifungszahl	+ / - 2 mg KOH/g	absolut
Abdampfrückstand	+ / - 5 %	absolut
pH-Wert	+ / - 0,5	
IR-Spektroskopie		
UV-Spektroskopie	keine deutliche	
NMR-Spektrograph	Abweichung vom	
Gas-Chromatographie	Referenzmuster	
Asche-Bestimmung	+ / - 10 %	relativ

Tabelle 9: Trennmittel-Anforderungen

Prüfung		Anforderung bei Eignung
3.2.1	Lagerfähigkeit	Nach 90 Tagen Lagerung keine merkliche Veränderung.
3.2.2	Emulgierbarkeit und Emulsionsstabilität	Die Emulsion muss mindestens 24 Stunden lang gleichmäßig milchig ohne Ölausscheidung bleiben.
3.2.3	Fehldosierung als 100 % Überdosierung	Kein deutlicher Mangel, z. B. Flecken, Rückstände.
3.2.4	Regenfestigkeit	Oberfläche des Probekörpers gleichmäßig gefärbt ohne wesentliche Tropfspuren (Bedingt regenfest: schmale Tropfspur. Nicht regenfest: Nach unten sich verbreiternde Tropfspur).

Tabelle 10: Schalungstrennmittel und ihre Eigenschaften

Gruppe. Art, Typ	Zusammensetzung, Eigenschaften	Physikalische Wirkungen	Chemische Wirkungen	Besondere Wirkungen
Mineralöl ohne Zusätze	Chemisch neutrales Öl, evtl. regeneriertes Altöl, evtl. braun gefärbt, dünnflüssig.	Wasserabstoßend, verhindert direkten Kontakt Zementleim-Schalungsfläche.	Wirkt abdichtend und konservierend auf Schalungsholz. Korrosionshemmend bei Metallschalung.	Verstärkt Luftlochbildung, evtl. Fleckenbildung, evtl. Beeinträchtigung der Verputzhaftung.
Mineralöle mit Zusätzen	Mineralöle enthalten Fettsäuren oder ähnliche Substanzen.	wie A.	Wie A, bewirkt leichte Abbindehemmung an der BO. Kann Rosten von Stahlschalung verursachen.	Weniger Luftloch- und Fleckenbildung. Gute Holzkonservierung.
Emulsion Wasser in Öl	In Mineralöl sind Wassertröpfchen suspendiert. Enthält Emulgatoren, Wärmeempfindlichkeit.	Pastenförmig, haftet gut, evtl. unstabil und unregelmäßige Wirkung.	wie A.	Weniger Luftlöcher, kaum Fleckenbildung. Erhöhte Gefahr der Übertragung auf BO.
Emulsion Öl in Wasser	In Wasser sind dickflüssiges Öl oder Fett suspendiert. Enthält Emulgatoren. Frostempfindlich.	Gut haftende, steife Fettschicht. Keine gute Abdichtung der SO. Zum Auftrag dünnflüssig.	Emulgatoren können abbindehemmend wirken.	Kaum Luftlöcher- oder Fleckenbildung. Evtl. Fettstoffübertragung auf die BO. Gefahr für absandende BO.
Schalungslacke, Wachse	Gelöste Kunststoffe (Lacke) oder suspendierte Wachse (Wichse), eingefärbt.	Bindung von undurchlässigen, festen Schutzschichten, mehr oder weniger beständig.	Keine chemischen Wirkungen.	Gute ausgleichende Wirkung. Verstärkte Luftlochbildung. Schutz gegen Abnutzung der SO.
Chemische Entschalungsmittel	Abbindehemmende Substanzen ähnlich B, aber evtl. ohne Fettstoffe.	Wirkt schon in sehr dünnem, unsichtbarem Auftrag. Keine Abdichtung und Schutzwirkung auf SO.	Verhinderung der Zementhärtung in einer sehr dünnen Kontaktschicht zwischen SO und BO.	Evtl. leicht absandende BO.

„ „ Dr. U. Trüb: Die Betonfläche – Bauverlag Wiesbaden“ (BO = Betonoberfläche, SO = Schalungsoberfläche)

Tabelle 11: „Ebenheitstoleranzen“: Auszug aus der DIN 18 202, Tab.3 [1.21]

Spalte	1	2	3	4	5	6
Zeile	Bezug	Stichmaße als Grenzwerte in mm bei Messpunktabständen in m bis				
		0,1	1 1)	4 1)	10 1)	15 1)
1	Nichtflächenfertige Oberseiten von Decken, Unterbeton und Unterböden	10	15	20	25	30
2	Nichtflächenfertige Oberseiten von Decken, Unterbeton und Unterböden mit erhöhten Anforderungen, z. B. zur Aufnahme von schwimmenden Estrichen, Industrieböden, Fliesen- und Plattenbelägen, Verbundstrichen Fertige Oberflächen für untergeordnete Zwecke z. B. in Lagerräumen, Kellern	5	8	12	15	20
3	Flächenfertige Böden, z. B. Estriche als Nutzestriche, Estriche zur Aufnahme von Bodenbelägen Bodenbeläge, Fliesenbeläge, gespachtelte und geklebte Beläge	2	4	10	12	15
4	Flächenfertige Böden mit erhöhten Anforderungen, z. B. mit selbstverlaufenden Spachtelmassen	1	3	9	12	15
5	Nichtflächenfertige Wände und Unterseiten von Rohdecken	5	10	15	25	30
6	Flächenfertige Wände und Unterseiten von Decken, z. B. geputzte Wände, Wandbekleidungen, untergehängte Decken	3	5	10	20	25
7	Wie Zeile 6, jedoch mit erhöhten Anforderungen	2	3	8	15	20

1) Zwischenwerte sind den Bildern 1 und 2 zu entnehmen und auf ganze mm zu runden.

Tabelle 12: Winkeltoleranzen - Auszug aus der DIN 18 202, Tab. 2: [1.21]

Spalte	1	2	3	4	5	6	7
Zeile	Bezug	Stichmaße als Grenzwerte in mm bei Nennmaßen in m					
		bis 1	von 1 bis 3	über 3 bis 6	über 6 bis 15	über 15 bis 30	über 30
1	Vertikale, horizontale und geneigte Flächen	6	8	12	16	20	30

Tabelle 13: Verschiedene Schalungsarten und ihre Eigenschaften

Art, Typ Grundmaterial	Mögliche Einflüsse auf Beton	Abnutzung	Hauptsächlicher Einsatz	Empfohlene Entschalungsmittel
Holz - roh - gehobelt - imprägniert	Wasseraufnahme aus dem Beton, evtl. Abbindehemmung durch Holzinhaltsstoffe	stark stark mittel	Ortbeton Sichtbeton Decken	A, B (bei ersten Einsätzen) D (Bei späteren Einsätzen) E*
Stahl	evtl. Rostfleckenübertragung	keine	Vorabfabrikation Serienbau	A, D, F*
Aluminium	keine	Chemische Korrosion ist möglich	Serienbau in Ortbeton	A, C, F*
Kunststoff - auf Holz - Platten - Matrizen	keine - bei Matrizen evtl. größere Frühschwindrisse	wenig	Großbauten in Ortbeton, Tiefbau, Stützmauern, Vorabfabrikation	B, D, E, F*
Bezugsquellen-Nachweis TFB „Dr. U. Trüb: Die Betonoberfläche – Bauverlag Wiesbaden"				*Type gemäß Tabelle 10

Tabelle 14: Trennmittelübersicht

	a) Emulgierbare Produkte	b) Pure Öle	c) Pasten
Bezeichnung	Schalungsöle	Formenöle	Schalungspasten
Zusammensetzung	Mineralöle oder Wachse und Emulgatoren	Mineralöle, ggf. mit Zusätzen	Wachse und Zusatzmittel
Konsistenz bei Anlieferung	mittelviskos	sehr dünnflüssig bis hochviskos	feste Paste
Anwendungsform	mit Wasser vermischt, Konzentration ca. 3-15 % (nach Anweisung) Öl zum Wasser	im Anlieferungszustand	im Anlieferungszustand
Aufbringung	Lappen, Quast usw. Sprühpistole	Lappen oder besser mechanisch mit umgearbeitetem Bohnergerät	wie b)
Schutzwirkung	durch Öl- bzw. Seifengehalt, ggf. Wachsfilm	durch Ölfilm	durch Waschsfilm
Rostschutz von Eisenteilen	schlecht	schlecht	etwas besser als a) und b)
Temperaturempfindlichkeit	hitze- und kälteempfindlich	unempfindlich	leicht hitzeempfindlich
Vorteil	preisgünstig wasserlöslich	leicht aufzubringen	sparsam aufzubringen, fester Schutzfilm
Nachteil	bei Überdosierung: putzhemmend und fleckenbildend, schlechte Produkte rahmen im Wasser auf, abhängig vom Erzeugnis	leicht klebend und ölfleckenbildend bei reichlichem Auftrag	manuelles Auftragen, lohnaufwändig, klebt bei zu starkem Auftrag

Tabelle 14: (Fortsetzung)

	d) Wachse	e) chemisch reagierende Trennmittel
Bezeichnung	Schalungswachse	
Zusammensetzung	Wachse und Zusatzmittel	chemischer Aufbau, je nach Produkt unterschiedlich
Konsistenz bei Anlieferung	festes Wachs	dünnflüssig
Anwendungsform	im Anlieferungszustand	im Anlieferungszustand
Aufbringung	wie b)	spritzen, möglichst mit Spezialsprühgerät, ggf. auch manueller Auftrag (bei glatten Schalungen)
Schutzwirkung	durch Wachsfilm	bindet chemisch mit Schalungsoberfläche; unempfindlich gegen Niederschlag und sonstige Witterungseinwirkungen
Rostschutz von Eisenteilen	etwas besser als a) und b)	vorübergehend ja
Temperaturempfindlichkeit	unempfindlich	unempfindlich gegen Kälte und Wärme, Viskosität bleibt unverändert
Vorteil	sparsam aufzubringen, fester Schutzfilm	sparsam aufzubringen, bewirkt gleichmäßige Grautöne der Betonoberfläche durch Abmehlung, keinerlei Verfärbung, sehr geringe Reinigungskosten und selbsttätige Regeneration der Schalung
Nachteil	manuelles Auftragen, lohnaufwändig, etwas teuer, daher nur mechanischer Auftrag bei anspruchsvollem Sichtbeton	bei partieller Überdimensionierung, oberflächenzerstörende Beeinflussung möglich, insbesondere bei windigem und regnerischem Wetter

Tabelle 15: Empfohlene technische Anforderungen der Oberflächenvorbehandlungsmittel

Art der Schalung	Rohbeton				Sichtbeton				Tapezier- bzw. Streichbeton			
Trennmittel	E	Öl	W/P	CH	E	Öl	W/P	CH	E	Öl	W/P	CH
Brettschalung rau	X	-	-	-	X	-	-	-				
Brettschalung gehobelt	X	-	-	X	X	-	-	X				
Brettschalung gesandstrahlt					X	-	-	-				
Brettschalung abgeflammt					X1)	-	-	-				
Sperrholz roh					X	-	-	X				
Sperrholz beharzt	-	-	-	X	-	-	-	-				
Sperrholz befilmt	-	X	X	(X)	-	X	X	X	-	X	X	X
Sperrholz Siebdruck	-	-	-	X	-	-	-	X	-	-	-	X
Sperrholz Polyester					-	-	-	X	-	-	-	X
GFK (Glasfaserpolyester)	-	-	-	X	-	-	-	X				
Schichtstoffplatten (Melamin-Phenol)					-	X	-	(X)				
PS (Polysulfid)					o	o	o	o	o	o	o	o
Gummi	-	-	X2)	-	o	o	o	o				
Stahl		X	-	X	-	X	-	X	-	-	-	X
Beton	X3)	-	-	-	-	-	-	-				
Polystyrol*					o	o	o	o				

Erläuterung zu Tabelle 15:

E = Emulsion	X = Anwendung zu empfehlen	1) = 2-maliger Anstrich erforderlich
Öl = Öl	(X) = bedingt anwendbar	2) = öl- und lösungsmittelfrei
W/P = Wachse/Paste	o = ohne Behandlung	3) = spezielle Emulsion auf Paraffin-Basis
CH = chemisch reag. Mittel	- = unzweckmäßig	

* Da nur 1 x verwendbar, Oberflächenbehandlung nicht notwendig.

PVC und Polystyrol-schlagfest bedürfen üblicherweise keiner Vorbehandlung, sollen ggf. aber unter Schichtstoffplatten eingereiht werden.

9 Literatur

9.1 Normen, Richtlinien

[1.1]	DIN EN 196 – 1	1995 – 05	Prüfverfahren für Zement Teil 1: Bestimmung der Festigkeit
[1.2]	DIN 1045 - 1	2001 - 07	Tragwerke aus Beton, Stahlbeton und Spannbeton Teil 1: Bemessung und Konstruktion
[1.3]	DIN 1045 – 2	2001 – 07	Tragwerke aus Beton, Stahlbeton und Spannbeton, Teil 2: Beton, Festlegung, Eigenschaften, Herstellung und Konformität
[1.4]	DIN 1045 – 3	2001 – 07	Tragwerke aus Beton, Stahlbeton und Spannbeton Teil 3: Bauausführung
[1.5]	DIN 1045 – 4	2001 – 07	Tragwerke aus Beton Teil 4: Ergänzende Regeln für die Herstellung und die Konformität von Fertigteilen
[1.6]	DIN 1045/A1		Beton und Stahlbeton Bemessung und Ausführung
[1.7]	DIN 1052 – 1	1988 – 04	Holzbauwerke; Berechnung und Ausführung; Änderung 1
[1.8]	DIN 1164	2000 – 11	Zement mit besonderen Eigenschaften, Zusammensetzung, Anforderungen, Übereinstimmungsnachweis
[1.9]	DIN 1960	2002	VOB, Vergabe- und Vertragsordnung für Bauleistungen – Teil A, DIN Deutsches Institut für Normung e.V.
[1.10]	DIN 1961	2002	VOB, Vergabe- und Vertragsordnung für Bauleistungen – Teil B, DIN Deutsches Institut für Normung e.V.
[1.11]	DIN EN ISO 2137	1997 – 08	Mineralölerzeugnisse–Schmierfett und Petrolatum–Bestimmung der Konuspenetration

[1.12]	DIN EN ISO 2431	1996 – 05	Lacke und Anstrichstoffe – Bestimmung der Auslaufzeit mit Auslaufbechern
[1.13]	DIN 4235	1978 - 12	Verdichten von Beton durch Rütteln – Rüttelgeräte und Rüttelmechanik
[1.14]	DIN 4235 – 2	1978 – 12	Verdichten von Beton durch Rütteln – Verdichten mit Innenrüttlern
[1.15]	DIN 4235 – 3	1978 – 12	Verdichten von Beton durch Rütteln – Verdichten bei der Herstellung von Fertigteilen mit Außenrüttlern
[1.16]	DIN 4235 – 4	1978 – 12	Verdichten von Beton durch Rütteln – Verdichten von Ortbeton mit Schalungsrüttlern
[1.17]	DIN 4421	1982 – 08	Traggerüste; Berechnung, Konstruktion, Ausführung
[1.18]	DIN EN 10 230 – 1	2000 – 01	Nägel aus Stahldraht, Teil 1: Lose Nägel für allgemeine Verwendungszwecke
[1.19]	DIN EN 13 986	2002 – 09	Holzwerkstoffe zur Verwendung im Bauwesen-Eigenschaften, Bewertung der Konformität und Kennzeichnung
[1.20]	DIN EN ISO 15 528	2000 – 11	Beschichtungsstoffe und Rohstoffe für Beschichtungsstoffe-Probenahme
[1.21]	DIN 18 202	1997 - 04	Toleranzen im Hochbau–Bauwerk
[1.22]	DIN 18 203 – 1	1997 – 04	Toleranzen im Hochbau, Teil 1: Vorgefertigte Teile aus Beton, Stahlbeton und Spannbeton
[1.23]	DIN 18 215	1973 – 12	Schalungsplatten aus Holz, für Beton- und Stahlbetonbauten: Standardmaße 0,50 m x 1,50 m, Dicke 21 mm
[1.24]	DIN 18 216	1986 – 12	Schalungsanker für Betonschalungen; Anforderungen; Prüfung, Verwendung
[1.25]	DIN 18 217	1981 - 12	Betonflächen und Schalungshaut
[1.26]	DIN 18 218	1980 – 09	Frischbetondruck auf lotrechte Schalungen

[1.27]	DIN 18 331	2002 - 12	VOB Vergabe- und Vertragsordnung für Bauleistungen Teil C: Allgemeine Technische Vertragsbedingungen für Bauleistungen (ATV); Beton- und Stahlbetonarbeiten
[1.28]	DIN 18 333	2000 – 12	VOB Vergabe- und Vertragsordnung für Bauleistungen – Teil C: Allgemeine Technische Vertragsbedingungen für Bauleistungen (ATV); Betonwerksteinarbeiten
[1.29]	DIN 18 349	2002 - 12	Betonerhaltungsarbeiten
[1.30]	DIN 18 350	2002 – 12	VOB Vergabe- und Vertragsordnung für Bauleistungen – Teil C: Allgemeine Technische Vertragsbedingungen für Bauleistungen (ATV); Putz- und Stuckarbeiten
[1.31]	DIN 18 352	2002 – 12	VOB Vergabe- und Vertragsordnung für Bauleistungen – Teil C: Allgemeine Technische Vertragsbedingungen für Bauleistungen (ATV); Fliesen- und Plattenarbeiten
[1.32]	DIN 18 363	2002 – 12	VOB Vergabe- und Vertragsordnung für Bauleistungen – Teil C: Allgemeine Technische Vertragsbedingungen für Bauleistungen (ATV); Anstricharbeiten
[1.33]	DIN 18 366	2002 - 12	VOB Vergabe- und Vertragsordnung für Bauleistungen – Teil C: Allgemeine Technische Vertragsbedingungen für Bauleistungen (ATV); Tapezierarbeiten
[1.34]	DIN 51 064	1981 – 06	Prüfung keramischer Roh- und Werkstoffe; Bestimmung der Druckfeuerbeständigkeit (DFB) an feuerfesten Steinen
[1.35]	DIN 51 558 – 1	1979 – 07	Prüfung von Mineralölen; Bestimmung der Neutralisationszahl; Farbindikator-Titration

[1.36]	DIN 51 558 – 2	1990 – 03	Prüfung von Mineralölen; Bestimmung der Neutralisationszahl; Farbindikator-Titration; Isolieröle
[1.37]	DIN 51 558 – 3	1983 – 10	Prüfung von Mineralölen; Bestimmung der Neutralisationszahl; Farbindikator-Titration; Kältemaschinenöle
[1.38]	DIN 51 559 – 1	1978 – 04	Prüfung von Mineralölen; Bestimmung der Verseifungszahl, Verseifungszahl über 2, Farbindikator-Titration
[1.39]	DIN 51 559 – 2	1990 – 03	Prüfung von Mineralölen; Bestimmung der Verseifungszahl, Farbindikator-Titration, Isolieröle
[1.40]	DIN 51 562 – 1	1999 – 01	Viskosimetrie; Messung der kinematischen Viskosität mit dem Ubbelohde-Viskosimeter: Bauform und Durchführung der Messung
[1.41]	DIN 51 562 – 2	1988 – 12	Viskosimetrie; Messung der kinematischen Viskosität mit dem Ubbelohde-Viskosimeter: Mikro-Ubbelohde-Viskosimeter
[1.42]	DIN 51 562 – 3	1985 – 05	Viskosimetrie; Messung der kinematischen Viskosität mit dem Ubbelohde-Viskosimeter: Relative Viskositätsänderung bei kurzen Durchflusszeiten
[1.43]	DIN 51 562 – 4	1999 – 01	Viskosimetrie; Messung der kinematischen Viskosität mit dem Ubbelohde-Viskosimeter: Viskosimeterkalibrierung und Ermittlung der Messunsicherheit
[1.44]	DIN 51 575	1984 – 11	Prüfung von Mineralölen; Bestimmung der Sulfatasche
[1.45]	DIN 51 750 – 2	1990 – 12	Prüfung von Mineralölen; Probenahme; flüssige Stoffe
[1.46]	DIN 51 750 – 3	1991 – 02	Prüfung von Mineralölen; Probenahme; salbenartig-konsistente und feste Stoffe

[1.47]	DIN 51 757	1994 – 04	Prüfung von Mineralölen und verwandten Stoffen; Bestimmung der Dichte
[1.48]	DIN 53 170	1991 – 08	Lösemittel für Lacke und ähnliche Beschichtungsstoffe; Bestimmung der Verdunstungszahl
[1.49]	DIN 53 255	1964 – 06	Prüfung von Holzleimen und Holzverleimungen; Bestimmung der Bindefestigkeit von Sperrholzleimungen (Furnier- und Tischlerplatten) im Zugversuch und im Aufstechversuch
[1.50]	DIN 53 799	1986 – 01	Platten mit dekorativer Oberfläche auf Aminoplastharzbasis; Prüfung
[1.51]	DIN 68 708	1976 – 04	Sperrholz; Begriffe
[1.52]	DIN 68 762	1982 – 03	Spanplatten für Sonderzwecke im Bauwesen; Begriffe, Anforderungen, Prüfung
[1.53]	DIN 68 791	1979 - 03	Großflächen-Schalungsplatten aus Stab- oder Stäbchensperrholz für Beton- und Stahlbeton
[1.54]	DIN 68 792	1979 - 03	Großflächen-Schalungsplatten aus Furniersperrholz für Beton- und Stahlbeton
[1.55]		2001 - 10	DafStb-Richtlinie „Schutz und Instandsetzung von Betonbauteilen"
[1.56]		1997	DBV-Merkblatt: Betondeckung und Bewehrung
[1.57]		2004 – 04	BDZ-Merkblatt: Sichtbeton
[1.58]	DIN 82 023	1993 - 09	Anwendung der modalen Hilfsverben in Normen
[1.59]	DIN 13 561	1995 - 02	Bauzeichnungen
[1.60]	DIN 18 201	1997 - 04	Toleranzen im Bauwesen, Begriffe, Grundsätze, Anwendung

9.2 Fachbücher

[2.1] Oswald, R. + Abel, R.: „Hinzunehmende Unregelmäßigkeiten bei Gebäuden“ , Vieweg Verlag, Wiesbaden 2005

[2.2] Schulz, J.: „Sichtbeton-Planung“, Vieweg Verlag, Wiesbaden 2004

[2.3] Schulz, J.: „Sichtbeton-Mängel“, Vieweg Verlag, Wiesbaden 2004

[2.4] Schulz, J.: „Architektur der Bauschäden“, Vieweg Verlag, Wiesbaden 2006

[2.5] Schulz, J.: „Sichtbeton-Atlas“, Vieweg Verlag, Wiesbaden 2007

[2.6] Schulz, J.: „Sichtbeton-Handbuch“, Verlag Bau + Technik 2006

9.3 Fachaufsätze

[3.1] Aurnhammer, H.-E.: „Zielbaummethode“ Verfahren zur Bestimmung von Wertminderungen. Zeitschrift: BauR 1978, S. 356

[3.2] Kamphausen, P.-A.: „Die Rechts- und Sachverständigenpraxis bei optischen Mängel im Bau- und Wohnungswesen“, in: „Der Sachverständige“ 1994, Heft 10, S. 8-13

[3.3] Probst,R.: „Sichtbeton –eine Modetorheit“, Bauwelt 1960, Heft 10

[3.4] Schulz,J.: „Sichtbeton-Bewertung“, in: „Der Sachverständige“ DS . 2004, Heft 7-8, S.207-210

9.4 Fachvorträge

[4.1] Hoske,P.: „Objektivierte Beurteilung der Qualität von Sichtbetonflächen durch automatisierte Bildverarbeitung“

9.5 Fotos

Die Fotos stammen aus den Archiven des Autors

Sachwortverzeichnis

3-S-Platte 54, 63, 64, 65, 67, 68, 82, 97
3-S-Schalung 67
5-schichtige Platte 74

A

Abbindeverlauf des Zementes 103
Abbindprozess 43
Abdampfrückstand 111
Abflammen 55
Ablüftzeit 117
Abmehlen 113, 115, 118
Abmehlneigung 115
Abmehlung 115
Abmessung 9
Absandung 21, 44, 46, 51, 55, 56
Absätze 13, 21, 41
Absäuern 4, 10, 25, 27
Abstandhalter 127
Adhäsion 115
Alkalibeständigkeit 101
Alkaliresistenz 101
Alkalität 101
Aluminium 104
Anforderung an Betonfläche 7
Ankerkonen 17
Ankerstellen 4, 9
Anmeldung fachlicher Bedenken 14, 96
Ansichtsfläche 3, 9
Anstricharbeit 5, 6
Art der Vergütung 80, 83
Aufpumpschalung 105
Auftragsdicke 116
Auftragsmenge 116
Ausbesserung 3, 4, 8, 9, 11
Ausblühen 115
Ausführung
– streich- und tapezierfertig 73
Ausgangsbedingung 3, 9
Ausgangsstoff 9, 10
Ausschalen 46, 100, 101, 105, 110, 113, 117, 126
Ausschalung 122
Auswahlkriterium 128

B

Bearbeitung
– nachträgliche 7, 9, 14
Bearbeitungsart 4
Bedenken
– fachliche 10, 13, 40, 44, 46
Beeinträchtigung
– optische 134
Befilmung 73, 97, 99, 100
Beischalung 62
Belastung
– thermische 99
Belastungs-Schema 89
Benetzbarkeit 115
Benetzungsprobe 115
Beschichten 4, 11, 30
Besenstrich 4, 10, 25, 28
Beton 112, 113, 114, 115, 116, 117, 120, 128
Betonalter 9
Betonbild
– einheitlich 46
Betonebenflächigkeit 49

Betoneinheit
- oberflächenfertig 73
Betonfertigteilfläche 3
Betonfläche
3, 4, 6, 7, 9, 10, 11, 13, 14, 15, 16, 17, 19, 24, 25, 28, 30, 31, 32, 34, 36, 40, 42, 44, 46, 51, 52, 57, 58, 60, 63, 67, 72, 78, 80, 83, 90, 92, 98, 99, 100, 101, 102, 103, 104, 106, 110, 114, 115, 117, 118, 120, 121, 122, 123, 124
- ausgeschrieben 8
- bearbeitet 4,10, 25
- Begriff 40
- Behandlung 28
- Beschaffenheit 83
- funktionell 80
- geschalt 41
- geschwungen 79
- gestaltet 55
- gewölbt 57
- hell 51
- holzstrukturiert 14
- mit Anforderung 3, 9, 14, 90
- mit nachträglicher Behandlung 36
- mit Schalungshaut gestaltet 4, 10
- mit technischen Anforderungen 4, 11, 14, 31, 34, 43
- nachträglich behandelt 4, 11, 30
- ohne Anforderung 58
- ohne besondere Anforderung 3, 8, 13
- planeben 20
- planeben-geschlossen 77
- planeben-glatt 42
  - profiliert 17
- planeben-rau 42
- porengeschlossen 20
- sichtbar bleibend 3, 9
- streichfähig 22, 34
- streichfertig 35
- tapezier- und streichfähig 87
- tapezierfähig 36
- tapezierfertig 37
Betonflächenbehandlung 30
Betonflächenforderung 73
Betonflächenqualität 24, 36
Betonflächenstruktur 4, 10, 20
Betonflächen-Typ 13
Betongrat 46, 51
Betongratbildung 21
Beton-Noppen 92
Betonoberfläche 102, 124, 129
- mit technischen Anforderungen 60, 62
Betonschalung
48, 57, 60, 69, 73, 76, 95, 96, 97, 98, 99, 102, 109, 125, 126
- siebdruckvergütet 99
Betonschutz 11, 26, 29, 30
Betonstruktur 100
- homogen 23
Betonverfärbung 100
Betonwarze 62, 124
Betonwarzenbildung 124
Betonzusammensetzung 9
Betrachtungs-Abstand 16, 138
Bewehrungsstab 23
Bewehrungsüberdeckung
- unzureichend 30
Biegebeanspruchung 94
Biegebruchfestigkeit 94
Biege-E-Modul 94
Biegespannung 87, 88
Bindemittel 15, 118
- hydraulisch 43
Bindemittelgehalt 59
Blechschalung 106

Braunverfärbung 101, 102
Brett
– gehobelt 54
– mechanisch vorbehandelt 56
– strukturiert 55
– sägerau 13, 18, 51, 54, 121
Brettfuge
– Abdichtung 51
Brettrichtung 17
Brettschalung ... 49, 51, 52, 53, 65, 67, 77, 120
– sägerau 20, 51, 52, 54, 122
Brett-Sichtbetonfläche 48
Brett-Spundungs-Typ 45, 47
Brett-Struktur-Oberfläche 65
Brutto-Preis
– Schalungsbrett 48
Bürste 55

D

Dämpfen 94
Daumenprobe 116
Deckfurnier 69, 73, 74, 76, 80, 84, 87,95
– der Sperrholzschalung 102
Deckschicht 59
Dehnungszahl 94
Dickentoleranz 84
Dimension ....
. 49, 50, 53, 54, 56, 58, 63, 68, 75, 81, 83, 92
– 3-S-Platte 68
– Spanplatte 63
– Sperrholzplatte 75, 81
– Weich-und Hartfaserplatte 58
Dimensionsveränderung ....
.... 48, 49, 52, 53, 79, 80
– feuchtigkeitsbedingte 48
Dimensionsvergrößerung 57
Doppelnagel 125
Dreieck-, Keil-/„Schweinsrücken"-
Spundung 46
Dreiecknut 46, 48
Dreischichten-Betonschalungsplatte 63
Dreischichtenplatte 21, 63, 67, 121
– kunstharzbeschichtet 66
Dreischichtenplattenschalung 22
Dreischichten-Schalung 69
Druckfestigkeit 95
Druckversuch 95
Durchbiege-Grenzwert 90
Durchbiegewert
– mittlerer 86
Durchbiegung 88, 89, 93, 95
– Ermittlung der 85
– im Scheitelpunkt 88
– zulässige 86

E

Ebenflächigkeit ....
9, 13, 21, 31, 34, 42, 50, 72, 73, 75, 76, 79,
80, 91, 93
Ebenflächigkeitsabweichung 50, 73, 88
Ebenflächigkeitstoleranz 11, 19, 35, 36
Ebenheit 41
Ebenheitstoleranz 41, 169
Eignung 112, 114
Eignungsprüfung 120
Einfärben 4, 10
Einmalschalung 105
Einsatzhäufigkeit ....
46, 52, 54, 56, 57, 58, 62, 67, 73, 75, 80, 83,
84, 97, 98, 99, 104, 105, 106
Einwegmatrize 105
Elastische Struktur-Schalung 104
Elastizitätsmodul 94

Elementschalung
- aus abgesperrten Hobelbrettern........ 67
- kranabhängig................................ 60, 62
E-Modul.. 83, 94
Emulgierbarkeit...................................... 113
Emulsion...................................... 52, 54, 65
Emulsionsstabilität................................ 113
Entfernen von Trennmitteln.................. 101
Entschalungsmittel............................ 79, 101
- hydratationsstörende......................... 67
- physiko-chemische....................... 67, 79

F

farbgleich.. 14
Farbschleier.. 100
Faserrichtung................................ 49, 69, 95
Fasersättigung... 49
Fasersättigungsbereich.............................. 96
Fehldosierung.. 113
Fertigteilfläche... 7
Feuchtigkeitsabgabe.................................. 21
Feuchtigkeitsaufnahme................................
.........................21, 49, 51, 52, 57, 60, 74, 78
Feuchtigkeitsgrad
- 3-S-Platten.. 68
- empfohlener.. 53
- bei mechanisch vorbehandeltem Brett... 17
- Spanplatte.. 63
- Sperrholzplatte............................. 75, 81
- Weich- und Hartfaserplatten............ 58
- zur Verarbeitung gehobelter Bretter. 55
Feuchtigkeitssättigung......................... 49, 53
Feuchtigkeits-Sättigungsbereich.............. 48
Filmvergütung.............................42, 98, 103
Fläche
- spachtelfähige...................................... 39
Flächenschalung
- Demontage.. 46
Flachpressplatte... 71
Flachpressverfahren.................................. 59
Flachspanplatte.. 59
Flammstrahlen........................... 4, 10, 25, 28
Fleck.. 113, 118
Fleckenbildung...................... 57, 58, 100, 102
Fleckspachtelung............................ 32, 34, 40
Fluatieren...................................... 4, 11, 30
Fluatierung.. 30
Fluatschaumwäsche................................. 101
Fugenanordnung....................................... 4, 9
Furnier.....................69, 72, 74, 76, 78, 95, 102
Furnier- Sperrholz.................................... 123
Furnierlage.. 76, 77
Furnierplatte......................... 24, 82, 92, 97, 99
Furniersperrholz..
8, 50, 70, 75, 76, 77, 79, 80, 84, 89, 92, 95, 96, 99, 124
Furniersperrholzplatte................................
..................71, 72, 73, 76, 77, 78, 79, 87, 91
- durchfeuchtet....................................... 79
Furnier-Sperrholzschalung........................ 83
Furnierstreifen...................................... 72, 73

G

Gebrauchswert... 147
Geltungsfunktion..................................... 141
Geltungswert.. 147
Genauigkeitsklasse..................................... 13
Gestein... 15
Gewichtung.. 135
Gewichtungszahl...................................... 153
GFK-Schalung.. 104
Glas-Faser-Kunstharz-Schalung............. 104
Glätten.................................... 4, 10, 25, 28

Grat 46
Gratbildung 31, 35, 38, 44
– vermindert 46
Gratunterschied 46
Graufärbung 115
Grauton 20, 21, 23, 42, 51, 110, 122
– Betonfläche 15
Grautonabstufung 103, 122
Grautondifferenz 52, 54, 72
Grautongegensatz 29
Grautonschattierung 20, 23, 57, 58
Grautonstreifen 76
Grenzwert 85
Großflächenschalung 65, 68, 69, 72,74
Grundpreis
– 3-S-Platte 68
– gehobeltes Brett 54
– mechanisch vorbehandeltes Brett 56
– Schalungsbrett 53
– Spanplatte 63
– Sperrholzplatte 75, 81
– Weich- und Hartfaserplatte 58
Gummi-Schalung 105

H

Haftverbund 115
Härteprozess des Betons 102
Hartfaserplatte 57
– einfache 58
– einfache, normale 57
– ölgehärtete 57
Hartholzfurnier 73
Hartschaumstoff-Matrize 105
Harz 98, 100, 102
Hautplatte 78, 84, 88, 90, 92, 93
Heftmittel 123
Heftstift mit Linsenkopf 92
Hobelbrett 54, 65, 121
Hobelschalung 51, 54
Holzquerschnitt
– Formänderung 49
Holzschalung 54
Holzspanplatte 58
Holztextur 17
Holztextur-Betonfläche 18
Holzwerkstoffplatte 88
– gerastert 24
Holzwerkstoffschalung 21, 124
– roh 20
Holzzuckerauswirkung 54
Hydratation 20
Hydratationsbeeinträchtigung 23
Hydratationsstörung 121, 123
Hydratisierungsbedarf 43
Hydrophobie 110
Hydrophobieren 30, 115
Hydrophobierung 26, 30, 102

I

Imprägnieren
– Hydrophobieren 4, 11
Imprägnierung 55, 98, 121
Industrie-/Ingenieurbeton 22
Industrie-/Ingenieursichtbeton 24
Innenausbaubereich 122
IST-Zustand 150

J

Jahresring 49, 72
Jahresringverlauf 50, 72

K

Kalkschleierausblühung ... 30
Kalkschleierbildung ... 30
Kantenquellung ... 79
Kantenschutzausbildung ... 78
Karbonatisierungsaufhellung ... 29
Keilspundung
– untergefügte ... 47, 48, 51, 55
Klebarmut ... 110
Klebeeffekt ... 120, 122
Kochen ... 94
Körnung
– Zuschlag ... 15
Korrosion ... 124
Korrosionseinfluss ... 102
Korrosionsfleck ... 124
Kunstharz bzw. Schichtstoffplatte ... 55
Kunstharz ... 100
Kunststoff-Matrize ... 14, 55
Kunststoffoberfläche
– starr ... 56
Kunststoff-Schalung ... 24, 104, 105
– geschäumt ... 105

L

Lagerfähigkeit ... 113
Lastschema ... 89
Leistungsbeschreibung ... 8, 9, 10, 11, 13, 14, 15, 17, 21, 24, 31, 32, 40, 43, 44, 46, 52, 76, 82, 83, 90, 97, 98, 104
Leistungsfakten von Holzwerkstoff-Schalungen ... 83
Leistungsprobe ... 88
Leistungswert ... 95
Lichtquelle ... 141
Lunkerbildung ... 31
Lunkern ... 118

M

Mängel ... 44, 117
– optisch ... 9
Mängelrüge ... 25, 32, 37, 46, 53, 63, 73, 91, 93, 124
Markstrahlen ... 49
Maschinen-Drahtstift ... 124
Maßabweichung ... 41
Massivholz ... 43, 48, 49, 53, 55, 89, 90, 91, 97
Massivholzschalung ... 50, 77
Maßtoleranz ... 5, 6, 8, 31, 40, 41, 63, 69, 90, 91, 131, 147
Matrize ... 56, 104
– elastisch ... 18
Mehlkorn ... 15, 23
Mehrfachschalung ... 105
Messstrecke ... 85
Minderung ... 153
Minderungsfaktor ... 153, 154
Mineralöl ... 55, 62, 67, 100, 122
Mineralölbehandlung ... 62
Mineralölerzeugnis ... 58
Mineralöltrennmittel ... 52, 62, 67, 122
Mittel
– chemisch reagierend ... 54, 74, 104, 106
Muster ... 9
Musterfläche ... 9, 14, 27, 31, 147
Musterstück ... 3, 9

N

Nachbehandlung ... 9
Nadelholzbasis ... 80
Nadelholz-Furnierplatte ... 79, 121, 122
Nadelholz-Furnier-Sperrholzschalung ... 82
Nagelkopf ... 62
Nagelschraube ... 125

Nagelwarze ... 62
Natronlauge ... 101, 102
Natronlaugebad ... 102
Natursteinverkleidung ... 45
Nebenleistung ... 31
Nestansatz ... 21
Nestbildung ... 44, 45, 46, 51
Neutralisations- und Verseifungszahl ... 111
Noppen ... 124
Nut-Feder-Spundung ... 45, 46, 55

O

Oberfläche
- befilmt ... 62
- beharzt ... 62
- kunstharzvergütet ... 18
- unvergütet ... 80

Oberflächenbearbeitung ... 3, 8
Oberflächenbehandlung
- nachträglich ... 25

Oberflächenbeharzung ... 97
Oberflächenbeschaffenheit ... 63, 83, 96, 102
Oberflächenkarbonatisierung ... 30
Oberflächen-Kunstharzvergütung ... 54, 55
Oberflächenmängel ... 51
Oberflächenrasterung ... 99
Oberflächenveränderung ... 78
Oberflächenvergütung ... 52, 56, 74, 80, 81, 97, 100, 105, 121
Oberflächenvergütungsmittel ... 102
Oberflächenvermehlung ... 67, 121, 123
Ochsenaugentest ... 101, 110
Öl ... 74
Öl-in-Wasser-Emulsion .. 52, 62, 67, 112, 122
Ortbetonbereich ... 105, 106
Ortbetonfläche ... 3, 4, 7
Ortbetonschalung ... 76

P

Phenolharz ... 100
Phenolverfärbung ... 101
Phenolvergütung
- unausgehärtete ... 102

pH-Wert ... 112
physiko-chemisches Material ... 82
Planebenflächigkeit ... 124
Platte
- selbsttragende ... 69, 91
- strukturierte ... 67

Plattenquellung ... 62
Plattenschalung ... 49, 56, 57, 64, 67, 68, 106
Platten-Typ ... 63
Plattenwölbung ... 91
Plattierung ... 99
Polieren ... 4, 11, 30
Polypropylen-Silikonkautschuk ... 105
Polystyrol-Schalung ... 105
Polysulfid-Schalung ... 104
Polyurethan-Matrizen (PU-Matrizen) ... 105
Poren ... 29, 31, 35, 39, 117, 118
Porenabdichtung ... 52
Porenabweichung ... 40
Porenanteil ... 31, 34, 67
Porenbildung ... 15, 37, 39, 120, 122
Poreneinschränkung ... 39
porenfrei ... 14
Porenhäufigkeit ... 113
porenoffen ... 20
Porosität ... 43
Prägebeton ... 8, 18

Probeentnahme 110
Probefläche 13, 24
Probeplatte 89, 90
Prüfung der Wirksamkeit 116
Prüfverfahren 115
PU-Hartschaum-Matrizen 24
PU-Hartschaumplatte 24
PU-Matrizen 105

Q

Qualitätsanforderungen
- gehobeltes Brett 55
- Schnittholz 53
Quell- und Schwindwerte 92
Quellen 49, 72, 78
Quellung 79, 91, 92, 93, 96, 103

R

Randquellung 92
Rasterschalung 84
Rauhigkeitseffekt
- erhöhter 51
Regel 134
Regenfestigkeit 114
Reliefbeton 8, 18
Rissbeständigkeit 103
Rissbildung 78
Rostschutzwirkung bei Stahlschalung 117
Rückstände 113, 118
Rückstände des Trennmittels 114

S

Sandbettverfahren 26
Sandstrahlen 4, 10, 25, 27, 55
Sättigungsbereich 96
Saugfähigkeit
- der Schalung 55
Schal- und Rüstmaterial 129, 130
Schalbeton 40
Schalhaut 13, 14, 27, 110, 123, 128
- saugende 60
Schalung
3, 8, 9, 17, 18, 21, 36, 42, 44, 48, 49, 50, 51, 52, 54, 57, 59, 67, 72, 73, 74, 76, 77, 80, 82, 83, 93, 96, 97, 98, 101, 102, 105, 109, 112, 113, 114, 116, 117, 118, 119, 120, 121, 122, 124, 126
- befilmt 75
- nicht saugend 20, 80
- oberflächenglatt 23
- oberflächenvergütet, nicht saugend 107
- offenporig 79
- porös 51
- sägerau 55
- saugende 52, 55, 80, 109, 120, 123
- saugfähige 121
- verlorene 58
Schalungsanker 126
Schalungsbrett 51, 90
- Dimension 53
Schalungshaut
3, 4, 7, 8, 10, 14, 15, 21, 43, 82, 83, 97, 116, 117, 118, 120, 121, 122
Schalungshautplatte
6, 8, 43, 80, 83, 93, 124
Schalungshautplatten-Typen 8, 43
Schalungsmusterplan 17
Schalungsoberfläche
- saugend 23
- nicht saugend 23
Schalungsplan 17, 129
Schalungsplanung 129

Schalungsplatte 8, 63, 73, 94, 99, 103
– Dickenabweichung 35
Schalungsstoßbereich 40
Schalungs-System............90
Schalungstechnologie
– konstruktiv 13
Schalungsträger............83
Schalungsverwaltung 130
Schalungsvorbereitung............129
Schalwachs 67
Scharrieren 4, 10, 25, 27
Schleifen 4, 10, 25, 28
Schleppwasserbildung 54
Schleppwassereffekt 43, 51, 55, 56
– Leichtbeton 23
Schlierenbildung
– Leichtbeton 23
Schraubkopf 62
Schraubnagel............45, 125
Schraubnagelkopf............62
Schwinden............46, 48, 49, 78, 90
Schwinden und Quellen............48, 90
Schwindfuge 68
Schwindmaß 68
Schwindspannung............49
Schwindtendenz 49
Schwindung 103
Sedimentation............20, 21, 42, 54, 55, 56
Sicht- und Tapezierbeton 128
Sichtbeton............
9, 16, 18, 19, 20, 22, 24, 29, 52, 53, 54, 55, 57, 64, 77, 86, 87, 104, 109, 122
– Absandung 51
– brettgeschalt 14
– planeben-rau............24
– profiliert 24
– profiliert-kunststoffgeschalt 24
– streichfähig/streichfertig 36
– strukturiert............ 68
– tapezierfähig............ 40
Sichtbeton-Bauten 159
Sichtbeton-Bewertung............ 131
Sichtbetoncharakter............ 123
Sichtbetonfläche............10, 26, 41
Sichtbetonforderung 124
– brettgeschalt............ 48
Sichtbetonklasse 135
Sichtbetonschalung 51, 56
Sichtbewertung............ 141
Siebdruckplatte............ 99
Siebdruckschalung............ 24
Siebdruckstruktur............ 99
Siebeffekt 23
SOLL-IST-Beurteilung 152
SOLL-Zustand 149
Siebmatte 99
Spachtelarbeit............37, 38
Spachtelung............32, 39, 78, 99
– ganzflächig............ 40
Spalte............4, 10, 25, 27
Span- und Sperrholzplatte 109
Spannungsnachweis............ 87
Spanplatte.......20, 50, 58, 59, 60, 62, 121, 122
– 3-schichtig gestreut, filmbeschichtet 61
– beharzt............ 62
– filmvergütet 62
– beharzte Oberfläche............ 60
– filmvergütete Oberfläche 60
– hochverdichtet, 5-schichtig gestreut. 61
– rohe Oberfläche............ 60
Spanplatten-Betonschalung 59
Spanplattenhaut............ 62

Spanplattenschalung ... 62
– beharzt ... 60
Sperrholz ... 49, 50, 55, 59, 63, 66, 69, 70, 74, 75, 76, 77, 79, 80, 82, 84, 85, 90, 91, 93, 95, 96, 98, 99, 104
– quellen ... 21
Sperrholz-Furnierplatte ... 97
Sperrholznorm ... 92
Sperrholzplatte ... 20, 64, 84
– oberflächenglatt ... 84
Sperrholzplatten-Typ ... 96
Sperrholzschalung ... 49, 60, 62, 63, 65, 72, 75, 77, 80, 84, 90, 92, 93, 95, 97, 101, 102, 103, 121
Sperrholzschalungs-Norm ... 63
Sperrholz-Typ ... 70, 97
Spezialschalung ... 105
Spiegelbild der Schalungshaut ... 14
Spitze ... 4, 10, 25, 27
Spundung ... 14, 44, 46, 47, 48, 50, 51, 53
– materialgerecht ... 55
Stab-/Stäbchen-Sperrholz ... 8, 73, 78, 89, 96, 99
Stab-/Stäbchen-Sperrholzschalung ... 75
Stab-/Stäbchenplatte ... 84
Stäbchenplatte ... 76
– mit gezielt stabiler Filmvergütung ... 76
Stäbchen-Sperrholz ... 50, 69, 72, 73, 75, 84, 160
Stäbchen-Sperrholzplatte ... 72, 73, 74, 76, 97
Stab-Sperrholz ... 50, 69, 70, 75
– mit massiven Mittellagestäben ... 49
Stab-Sperrholzplatte ... 69, 72, 73, 75, 92, 97
– befilmt ... 74
– beharzt ... 74
Stahl-Schalung ... 106
Stahl-Stift ... 124
Stahl-Systemschalung ... 106
statische Leistungsfähigkeit ... 83, 84
Stocken ... 4, 10, 26
Struktur-Matrize ... 8
Struktur-Sichtbeton ... 55
Stumpfer Stoß ... 44, 45
– ungespundete Brettschalung ... 44
Systemschalung ... 84, 93, 106

T

Taber-Abraser ... 99
Tapezierarbeiten ... 5, 6
technische Minderung ... 145, 148
Tegernseer Gebräuche ... 53, 55, 56
Teilspachtelung ... 32, 39
Tixotropie ... 109
Toleranz ... 34, 40, 85, 92, 147
– zulässige ... 6
Toleranzabweichung ... 37, 88
Toleranzbereich ... 21, 79, 92
Toleranzeinstufung ... 24
Toleranzgenauigkeit ... 21
Toleranznorm ... 63, 82, 85, 92
Toleranz-Norm der Betonfläche ... 63
Toleranzüberschreitung ... 39
Toleranzversprünge ... 34
Toleranzwert ... 41, 50, 91
Tragfähigkeit ... 93
Trägheitsmoment ... 85
Trennmittel ... 8, 10, 14, 15, 24, 44, 80, 102, 105, 109, 110, 111, 112, 113, 114, 115, 116, 117, 118, 119, 120, 121, 122
– Bitumenbasis ... 100
– chemisch ... 55
– chemisch reagierend ... 74
– Entfernung ... 101

– hydratationsstörend 52, 79
– mit Struktureinwirkung 102
– physiko-chemisch 67
Trennmittel-Anforderungen 177
Trennmittelaufnahme 48
Trennmittelbehandlung ....
49, 52, 54, 55, 58, 62, 67, 74, 79, 98, 104, 105, 106
Trennmittelbestandteil 123
Trennmittelfabrikat 100
Trennmittelrückstand 100
– emulgierbarer 100
– nichtemulgierbarer 100
– wachshaltiger 100
Trennmittel-Typen 121
Trennmittelüberdosierung 82
Trennwirkung 117

U

Überdeckung der Bewehrung 45
Unregelmäßigkeit
– flächige 76
untergefügte Keilspundung.....47, 48, 51, 55
Unterstützung
– lichte 87
Unterstützungsweite ....
....................59, 77, 82, 84, 85, 86, 87, 88, 89

V

Verarbeitung 9, 10
Verfahren 113
Verfärbung 100, 101, 102, 115, 118, 120
Vergütung 56, 73, 99
Vermehlung 52, 57, 79, 123
Vermehlungserscheinung bei chemischen Trennmitteln 54
versanden 118
Versandung 45, 51, 53, 68
Verschmutzung 151
Versiegeln 4, 11, 30
Versiegelung 55, 56
Versprünge 31, 35, 38, 46, 92
Versprünge/Absätze 21
Verwendungshäufigkeit 98
Viskosität 111, 120
Vollholz 64
Vollholzplatte 21, 65
Vollholzplattenschalung 22
Volumenveränderung 48
Vorsatzplatte
– gummielastisch 24
Vorsatzschalung ....
57, 70, 76, 77, 79, 81, 83, 84, 91, 98, 100, 123, 124
– flexibel 48
– mit Befilmung 82
– selbsttragend 77

W

W/Z-Faktor 23, 122
W/Z-Wert 116
Wachs/Paste 74
Walze 4, 10, 25, 28
Waschbetonfläche 26
Waschen 4, 10, 25, 26
Wässern 94
Wechselfalz-Spundung 44, 45, 46, 48
Weichfaserplatte 57, 58
Wertigkeit 135
Wertminderung 157
Wirksamkeit 112
Wirksamkeitsdauer 117
Wirkungsgrad 95
Witterung 9

Z

Zement ... 43, 52
Zementschlämme ... 48, 51
Zielbaummethode ... 153, 154
Zug- und Biegefestigkeit ... 96
Zug- und Druckfestigkeit ... 95
Zugabewasser ... 101, 122
Zugbeanspruchung ... 95
Zugfestigkeit ... 95
Zugspannung ... 49
Zuschlag ... 9, 27, 101

Made in United States
Orlando, FL
18 November 2025

72691158R00122